智能建筑设计与应用

马敏　赵钊　王峰　著

化学工业出版社
·北京·

内 容 简 介

本书开篇阐释了智能建筑的组成、功能及与智能家居、智能社区、智慧城市的协同逻辑，探讨建筑智商评价与可持续发展路径；继而深入数字孪生、物联网、人工智能、元宇宙等核心技术，解析NIP智能规划、WSN施工监测、CV安全监管等建造全流程智能化平台体系。围绕空间设计，本书阐述了智能空间的概念、系统特点及语义网络驱动的设计策略，结合节能设计中综合布线、Agent模型及设备管理系统的优化应用，展现了技术与建筑性能的融合。同时详解建筑设备自动化系统的监控、消防、安防功能，通过办公室净高、动态立面等本体设计实践，揭示智能建筑在功能需求、环境适配中的创新路径，展望建筑本体智能化的未来趋势，构建从理论技术到实践应用的完整知识架构。

本书适合建筑工程、城市规划、智能科技等相关领域的从业者、研究者及相关专业的师生参考阅读。

图书在版编目（CIP）数据

智能建筑设计与应用 /马敏，赵钊，王峰著. 北京：化学工业出版社，2025.10. --ISBN 978-7-122-49046-9

Ⅰ. TU243

中国国家版本馆CIP数据核字第2025JJ9263号

责任编辑：连思佳　吕梦瑶　　文字编辑：邹　宁
责任校对：刘曦阳　　装帧设计：筑匠文化

出版发行：化学工业出版社（北京市东城区青年湖南街13号 邮政编码100011）
印　　装：北京科印技术咨询服务有限公司数码印刷分部
710mm×1000mm　1/16　印张16　字数262千字　2026年1月北京第1版第1次印刷

购书咨询：010-64518888　　售后服务：010-64518899
网　　址：http://www.cip.com.cn
凡购买本书，如有缺损质量问题，本社销售中心负责调换。

定　　价：98.00元

前　言

随着数字技术与建筑行业的深度融合，智能建筑已成为推动城市可持续发展的重要引擎。在“双碳”目标与新型城镇化建设的背景下，建筑智能化不仅关乎能效提升与空间优化，更是智慧城市发展的核心载体。然而，当前行业仍面临技术集成不足、标准体系缺失、设计与实践脱节等挑战。本书立足于这一时代需求，系统梳理智能建筑的理论框架、技术路径与实践案例，旨在为建筑设计师、工程师及研究者提供兼具前瞻性与实用性的参考指南。

本书共分七章，构建了从基础理论到应用实践的完整知识体系。第一章阐述智能建筑的基本概念、功能架构及其与智慧城市协同发展的逻辑；第二章聚焦数字孪生、物联网、人工智能等核心技术，解析其在设计中的基础应用；第三章以智能建造平台为核心，探讨规划、施工、运维全流程的数字化革新；第四章与第五章分别从空间设计与节能优化角度，提出语义网络、Agent 模型等创新方法；第六章详解设备自动化系统的监控、消防与安防功能；第七章则通过净高设计、动态立面等实践案例，揭示建筑本体智能化的实现路径。全书以技术融合为主线，兼顾理论深度与实操价值。

未来的智能建筑将向“感知-决策-进化”的有机体演进，元宇宙、生成式 AI 等技术的突破或将重塑建筑形态与交互模式。本书虽力求全面，但囿于技术迭代与行业实践的快速发展，疏漏之处在所难免，恳请读者批评指正。希望本书能为行业同仁提供启发，共同探索智能建筑与未来城市的无限可能。

马　敏　赵　钊　王　峰

2025 年 6 月

目 录

第一章　智能建筑理论基础

第一节　智能建筑的组成和功能

一、智能建筑的基本组成

（一）信息基础设施层

信息基础设施层是智能建筑实现智能化运行的物理基础，主要承担数据传输、设备连接和信息交互的核心功能。这一层由综合布线系统、网络传输设备、通信接入设施以及数据存储硬件共同构成。综合布线系统作为信息传输的“神经网络”，通过标准化的线缆和连接器件将建筑内的各类智能化设备与网络设备连接起来，支持语音、数据、图像等多种信息的高效传输。网络传输设备包括交换机、路由器和无线接入点等，负责构建建筑内部的局域网，并实现与外部广域网的互联互通，确保信息传输的稳定性和高速性。通信接入设施提供光纤接入、5G（第五代移动通信技术）无线接入等多种方式，满足不同场景下的通信需求。数据存储硬件包括服务器、存储阵列等，为建筑内产生的大量数据提供存储空间，是后续智能化分析和应用的基础支撑。

（二）智能化子系统层

智能化子系统层是智能建筑功能实现的具体载体，由多个专业化子系统组成，每个子系统针对建筑的特定功能需求提供智能化解决方案。建筑设备自动化系统是核心子系统之一，对建筑内的空调通风、给排水、供配电、照明等设备进行实时监控和自动调节，实现设备运行的节能化和高效化。智能安防系统通过视频监控、入侵报警、门禁控制等技术构建多层次安全防护体系，保障建筑内人员和财产安全。火灾自动报警联动控制系统对建筑内的火情进行实时监测，发现火灾隐患时迅速发出报警信号并联动启动灭火设备和疏散设施，减少火灾损失。信息网络系统、语音通信系统、有线电视系统等则分别承担数据通信、语音交互、多媒体信息传播等功能，共同构成智能建筑多样化的智能化应用场景。

（三）系统集成与管理平台

系统集成与管理平台是智能建筑的“大脑”，通过整合各个智能化子系统的信息和功能实现建筑整体的智能化管理和协同运行。该平台以数据融合为核心，通过标准化接口协议将来自信息基础设施层和智能化子系统层的各类数据进行汇聚、整合和分析，消除不同子系统之间的数据壁垒，实现信息的共享与交互。平台提供统一的操作界面，管理人员可通过该界面实时监控建筑内各子系统的运行状态，查看关键设备的运行参数和报警信息。平台具备联动控制功能，当某个子系统检测到异常情况时，自动触发相关子系统的协同响应，在火灾报警系统触发时，平台自动启动应急照明、关闭空调通风系统并打开排烟设施。平台支持数据分析与决策支持，通过对历史运行数据的统计和分析为建筑的运营管理提供优化建议，提升建筑的整体运行效率和智能化水平。

二、智能建筑的核心功能

（一）安全保障功能

1. 物理安全防护

物理安全防护是智能建筑安全保障功能的基础组成部分，主要通过整合多种智能化技术手段构建多层次防护体系。该体系涵盖对建筑出入口的智能管理，借助生物识别技术或智能卡实现人员准入控制，确保只有被授权人员能够进入特定区域。建筑周界及内部关键区域部署的智能视频监控系统，可实时捕捉异常行为并进行动态分析，及时识别潜在的物理入侵风险。智能门禁系统与电梯控制系统联动，能够对人员活动轨迹进行追踪管理，进一步强化物理空间的安全防护能力。

2. 信息安全保障

信息安全保障是智能建筑安全体系中针对数据与系统的核心防护内容。智能建筑内部存在设备运行数据、用户行为数据及管理系统数据等大量信息交互，这些数据的安全性直接影响建筑整体功能的稳定运行。信息安全保障功能通过部署防火墙、入侵检测系统及数据加密技术，防止未经授权的访问和数据泄露。该系统具备实时漏洞扫描与补丁更新机制，能够及时修复潜在的安全隐患，保障建筑智能化系统在数据传输与存储过程中的完整性和保密性。

3. 应急响应机制

应急响应机制是安全保障功能中应对突发安全事件的关键环节，旨在通过智能化手段提升事件处理的效率与准确性。当建筑内部发生火灾、地震或其他紧急情况时，智能监测系统能够迅速感知异常并触发相应的应急程序。火灾自动报警系统在探测到火情后，可立即启动应急广播、引导疏散指示，并联动消防设备进行初期灭火，自动向管理人员及相关救援部门发送警报信息，提供精确的事发位置及现场情况，为快速救援提供支持。

（二）环境舒适调节功能

1. 温湿度动态调控

温湿度动态调控是环境舒适调节功能的核心内容，通过整合温度传感器、湿度传感器及智能控制设备，实现建筑内部温湿度参数的实时监测与精准调节。系统根据不同区域的使用功能和人员活动情况，为办公区域、休息区域等预设差异化的温湿度基准值。传感器实时采集环境数据并传输至中央控制系统，当监测值偏离基准范围时，系统自动启动空调、新风或加湿除湿设备，通过 PID 控制算法（比例-积分-微分控制算法）实现温湿度的动态平衡，确保人体处于舒适的热环境中。

2. 空气质量智能优化

空气质量智能优化功能聚焦于提升建筑内部空气品质，保障人员健康与舒适体验。该功能通过部署 $PM_{2.5}$（细颗粒物）传感器、甲醛传感器及 CO_2 浓度传感器，对空气中的污染物含量及氧气含量进行持续监测。当检测到空气质量超标时，系统自动调节新风系统的运行参数，增加新风引入量并启动空气净化装置，降低污染物浓度。结合人员密度监测数据，动态调整通风效率，在保证空气质量的前提下减少能源消耗，实现健康与节能的协同优化。

3. 光环境与声环境调节

光环境与声环境调节是提升环境舒适度的关键途径，通过智能化手段可以营造适宜的视觉与听觉环境。对于光环境调节，整合自然光传感器与智能照明设备，根据室外光照强度自动调节室内灯具的亮度与色温，在自然光充足时降低人工照明强度，实现节能与舒适的平衡；为不同功能区域设置个性化的光照模式，办公区采用高亮度白光照明，休息区采用暖色调低亮度照明。对于声环境调节，通过噪声传感器实时监测噪声水平，当噪声超标时启动隔音设备或背景音系统，通过播放自然声或轻音乐等方式掩盖干扰，营造安静舒适的声环境。

（三）高效运营管理功能

1. 设备运行状态监控

设备运行状态监控是高效运营管理功能的基础，通过物联网技术实现对建筑内各类设备的实时监测与远程管理。系统对空调系统、给排水系统、电梯设备、照明系统等主要设备的运行参数进行持续采集，采集信息包括运行温度、能耗数据、故障代码等，并通过可视化平台呈现设备运行状态。设备出现异常或潜在故障时，系统自动发出预警信号，提示管理人员及时维护，避免设备故障导致功能中断。系统记录设备运行历史数据，为设备维护周期优化和性能评估提供数据支持，延长设备使用寿命。

2. 能源消耗智能管理

能源消耗智能管理功能通过智能化手段降低建筑运营过程中的能源消耗，提升能源利用效率。系统整合电力、水资源、燃气等各类能源计量装置，实时采集能源消耗数据，借助数据分析模型识别能源消耗的高峰时段与异常情况。基于采集的数据，系统制订动态的能源调度策略，在用电高峰时段自动降低非必要设备的能耗，根据人员活动规律调节空调与照明系统的运行时间。系统对比不同区域的能源消耗数据，识别能源浪费现象并提出优化建议，推动建筑能源管理从被动计量向主动优化转变。

3. 空间资源动态调度

空间资源动态调度功能通过智能化手段提升建筑空间的利用效率，满足多样化的使用需求。系统结合人员预约系统、在室状态传感器及空间使用历史数据，对会议室、办公工位、公共活动区域等空间资源进行动态管理。当用户通过智能终端预约空间资源时，系统自动检查资源可用性并完成预订，将预订信息同步至空间引导系统，方便用户快速找到目标位置。对于使用率较低的空间，系统通过数据分析提出空间改造建议，将闲置区域改造为共享办公区或多功能活动区，实现空间资源的最大化利用。

（四）可持续发展支持功能

1. 节能减排技术集成

节能减排技术集成是可持续发展支持功能的核心，通过整合多种绿色技术手段降低建筑的环境负荷。系统优先采用太阳能光伏系统、地源热泵系统等可再生能源技术替代传统化石能源，减少碳排放。结合动态保温幕墙、智能遮阳系统等建筑围护结构的智能化设计，降低建筑冷热负荷需求，减少空调系统的能耗。系统对建筑内的高能耗设备进行能效优化，采用变频技术调节水泵与风机的运行速度，根据实际需求动态调整输出功率，实现能源消耗的最小化。

2. 资源循环利用管理

资源循环利用管理功能致力于推动建筑运营过程中的资源高效循环利用，减少废弃物产生。水资源管理方面，系统整合雨水收集系统、中水回用系统及智能节水器具，将雨水和生活废水处理后用于绿化灌溉、道路清扫等非饮用用途，降低对市政水资源的依赖。固体废弃物管理方面，通过智能垃圾分类回收系统引导用户进行垃圾分类投放，并对垃圾产生量与回收情况进行实时监测，优化垃圾清运路线与频率，提高资源回收利用率。建筑材料选用上优先考虑可回收、可再生的绿色建材，减少不可再生资源的消耗。

3. 绿色建筑性能评估

绿色建筑性能评估功能通过建立多维度评估体系，对建筑的可持续发展水平进行动态监测与优化。评估体系涵盖能源消耗强度、水资源利用效率、室内环境质量、废弃物回收利用率等关键指标，系统定期采集相关数据并进行量化分析，生成评估报告。根据评估结果，系统识别建筑在可持续发展方面存在的短板，并提出针对性的改进建议，优化能源系统运行策略、提升废弃物回收设施的覆盖率等。评估数据可作为建筑绿色认证的基础资料，为建筑可持续发展水平的提升提供科学依据。

第二节　智能家居、智能社区与智慧城市

一、智能家居的内涵与特征

（一）智能家居的定义与核心要素

智能家居是以住宅建筑本体为物理载体，集成信息通信技术、自动控制技术、人工智能技术等多种现代技术手段，构建的具备环境感知、数据交互、智能决策及主动服务能力的综合居住系统。这一系统的核心在于打破传统居住空间中设备孤立、功能单一的局限，通过技术整合实现居住环境的整体智能化。其核心要素主要包括四个方面：用户需求导向是首要要素，系统设计需以居住者的生活习惯、健康状况、安全需求等个性化特征为出发点，确保技术应用与实际居住需求相契合；多技术协同集成是基础要素，要求不同技术模块（感知技术、控制技术、通信技术）之间实现无缝对接与数据互通，避免形成技术孤岛；场景化服务适配是关键要素，系统需针对不同生活场景（睡眠、工作、娱乐）提供定制化的功能组合，提升居住体验的连贯性与舒适度；可持续演进能力是发展要素，系统应具备技术更新与功能扩展的兼容性，能够适应未来技术迭代与用户需求的变

化，延长整体系统的生命周期。

（二）智能家居系统的主要功能模块

智能家居系统的主要功能模块见表 1-1。

表 1-1　智能家居系统的主要功能模块

功能模块	核心设备	关键技术	控制方式	典型场景	节能效率
环境感知与调节	温湿度传感器 智能空调 电动窗帘	多传感器融合 自适应算法	自动调节 语音控制 APP 预设	恒温恒湿保持 光线自适应	空调能耗降低 25%
安全防护与预警	人脸识别门锁 烟雾探测器 高清摄像头	生物识别 AI 图像分析	异常报警 远程监控 应急联动	非法入侵预警 火灾自动处置	安全事故减少 90%
能源管理与优化	智能电表 能耗监测终端 光伏逆变器	用能画像 峰谷调度	自动启停 用能报告 策略优化	谷电蓄热 设备联动节能	综合能耗下降 30%
信息交互与服务	智能音箱 中控屏 健康监测设备	自然语言处理 多模态交互	语音指令 触摸控制 手势识别	影音娱乐控制 健康数据管理	操作效率提升 60%

（三）智能家居的技术支撑体系

智能家居的实现依赖于多学科技术的协同支撑，这些技术从数据采集、传输、处理到应用服务，构成了完整的技术链条，确保了系统的智能化功能得以落地。

1. 感知层技术

感知层是智能家居系统的数据来源，主要包括各类传感器与执行器技术。传感器技术负责将物理环境中的温度、湿度、光照、声音、运动等非电信号转换为可处理的电信号，为系统提供决策依据，常用的传感器类型有温度传感器（热电偶、热敏电阻）、湿度传感器（电容式湿度传感器）、红外传感器、图像传感器、气体传感器等；执行器技术则根据系统指令对物理设备进行控制，实现环境调节或设备操作，常见的执行器包括继电器、电机（步进电机、伺服电机）、电磁阀等。感知层技术的核心要求是高精度、低功耗与高可靠性，以确保数据采集的准确性与设备运行的稳定性。

2. 网络层技术

网络层负责实现感知层设备与应用层系统之间的数据传输，是构成智能家居系统的“神经网络”。该层技术主要包括通信协议与网络架构两部分，通信协议可分为有线通信协议与无线通信协议，有线通信协议包括以太网、RS485 总线，具有传输速率高、稳定性强的特点，适用于固定设备的连接；无线通信协议包括 Wi-Fi 协议、蓝牙协议、ZigBee 协议、LoRa 协议、NB-IoT 协议等，具有部署灵活、无须布线的优势，广泛应用于移动设备与分布式传感器的连接。网络架构通常采用分层结构，包括接入层（连接感知层设备）、汇聚层（数据汇总与转发）与核心层（与外部网络交互），通过合理的网络规划，确保数据传输的低延迟、高带宽与安全性。

3. 应用层技术

应用层是智能家居系统实现智能决策与服务输出的核心，主要包括人工智能技术、大数据分析技术与云计算技术。人工智能技术通过机器学习算法对用户行为数据、环境数据进行建模分析，实现个性化服务推荐与系统自主决策，基于用户的作息规律自动调整相应的起床模式；大数据分析技术通过对海量历史数据的挖掘，识别用户用能习惯、环境偏好等潜在规律，为系统优化提供数据支持；云计算技术则为智能家居系统提供强大的计算与存储能力，支持远程控制、多设备协同与系统升级，通过云平台实现不同家庭、社区之间的数据共享与服务协同，为智能家居向智能社区、智慧城市延伸奠定基础。

二、智能社区的构成与功能

（一）智能社区的空间结构与组成部分

智能社区的双层空间结构与核心系统划分见表 1-2 和表 1-3。

表 1-2 智能社区的双层空间结构

结构层级	核心构成要素	技术特征	功能实现	典型设备
物理空间层	智能化居住建筑 公共服务设施 智能交通网络 生态监测系统	设备接口标准化 空间布局优化	物理载体支撑 环境参数采集	智能电表 车位传感器 空气质量监测站
数字空间层	感知层（传感器） 网络层（5G/光纤） 平台层（数据中心） 应用层（社区 APP）	物联网架构 数字孪生技术	状态实时感知 智能决策控制	边缘计算网关 AI 分析平台

表 1-3 智能社区核心系统划分

系统层级	子系统	核心功能	技术支撑	服务对象
基础设施层	网络系统 能源系统 通信系统	全社区覆盖 能源优化 设备互联	Wi-Fi6/5G 智能微电网 LoRa 网关	社区设备 管理系统
智能应用层	安防系统 环境系统 家居联动	智能监控 环境监测 设备协同	人脸识别 多传感器融合 IoT 协议	居民 物业人员
服务管理层	管理平台 物业系统 应急系统	数据整合 线上服务 应急响应	大数据分析 移动支付 GIS 定位	管理人员 社区居民

（二）智能社区的公共服务与管理功能

1. 公共服务功能的主要类型

（1）民生保障服务

民生保障服务聚焦居民日常生活需求，涵盖健康医疗、养老托育、便民购物等领域。健康医疗服务通过社区卫生服务站与在线问诊平台的结合，为居民提供基础诊疗、健康体检和慢性病管理服务，居民可通过智能终端查询健康数据和预约就诊；养老托育服务整合智能养老设备和专业护理人员，为老年人提供紧急呼叫、日常照料和康复训练服务，也为儿童提供安全托管和教育辅导；便民购物服务通过社区电商平台和智能快递柜，实现商品线上下单、线下自提，缩短居民购物时间，提升生活便利性。

(2) 公共事务服务

公共事务服务聚焦于社区居民的政务需求和公共参与，涵盖政务办理、社区治理、文化教育等领域。政务办理服务依托线上政务平台支持社保、医保、户籍等业务的查询与办理，从而减少居民跑腿次数；社区治理服务搭建居民议事平台，居民可借助 APP 参与社区公共事务的讨论和决策，进而提高社区自治水平；文化教育服务整合社区图书馆、文化活动中心和在线教育资源，为居民提供图书借阅、技能培训和文化活动报名服务，以此丰富居民精神文化生活。

2. 管理功能的核心模块

(1) 安全监管功能

安全监管功能是智能社区管理的核心组成部分，其核心组成部分涵盖治安防控模块、消防管理模块与应急处置模块。治安防控模块依托智能门禁、视频监控及电子巡查系统，对社区出入口与重点区域实施全天候监控，一旦出现异常即自动报警并同步通知相关管理人员；消防管理模块依托烟感探测器、温感探测器与消防栓压力传感器，实时监测消防设施状态，一旦发现火情便迅速启动报警与喷淋系统，同时联动消防部门；应急处置模块则通过建立突发事件应急预案库，确保自然灾害、公共卫生事件发生之际能够快速启动响应机制，并调配救援资源、组织居民疏散。

(2) 资源调配功能

资源调配功能旨在实现社区资源的高效利用，其核心涵盖能源管理、交通管理与设施管理。能源管理通过智能电表、水表和气表实时采集居民用量数据，结合分时电价政策引导居民错峰用电，对公共区域照明、空调等设备进行智能控制以降低能耗；交通管理通过智能停车系统实现车位预约、导航和缴费一体化，缓解停车难问题，对社区内车辆行驶速度和路线进行监测以保障交通秩序；设施管理对社区公共设施如电梯、健身器材、路灯进行状态监测和维护预警，确保设施正常运行，延长使用寿命。

（三）智能社区与智能家居的联动机制

1. 数据交互的技术路径

（1）信息共享协议

信息共享协议是确保智能社区与智能家居数据互通的基础，常用的协议包括ZigBee协议、Wi-Fi协议、蓝牙协议和LoRa协议。ZigBee协议具有低功耗、自组网的特点，适用于智能家居设备与社区感知节点之间的短距离数据传输；Wi-Fi协议传输速率高，家庭安防摄像头与社区监控平台的数据交互等视频流、大文件数据传输场景常用该协议；蓝牙协议适用于近距离设备的临时连接，居民手机与社区门禁的蓝牙解锁便是典型应用；LoRa协议则具有远距离、低速率的优势，适用于社区内低功耗设备的广域覆盖，智能水表、气表的数据上报场景即依赖该协议。

（2）数据传输通道

数据传输通道分为有线和无线两种方式，根据数据类型和传输需求选择合适的通道。有线通道以光纤和以太网为主，传输稳定、带宽大，主要用于社区数据中心与核心设备之间的连接，智能家居控制中心与社区管理平台的专线连接即为此类应用；无线通道包括5G、NB-IoT等，部署灵活、覆盖范围广，适用于智能家居设备的远程控制和数据上报，居民通过手机APP（手机应用程序）远程调节家中空调温度时，数据经5G网络传输至社区云端平台，再转发至家庭智能网关。

2. 控制协同的实现方式

（1）集中控制平台

集中控制平台是智能社区与智能家居联动的核心枢纽，整合社区公共设备与家庭智能设备的控制权限。平台通过统一的接口协议与各设备厂商对接集成，实现设备状态的集中监控和远程控制。当居民离家时，家庭智能网关将“离家模式”信号发送至社区集中控制平台，平台自动联动社区门禁系统开启通道权限，关闭家中不必要的电器设备，启动安防系统；当居民回家时，平台根据车辆或人员定位信息，提前开启单元门门禁，联动家中智能灯光、空调进入“回家模式”。

(2) 分布式响应机制

分布式响应机制是对集中控制平台的补充，通过边缘计算节点实现设备的本地化快速响应。在社区内设置多个边缘计算节点，负责处理周边智能家居设备的实时控制需求，减少数据传输延迟。当家庭烟雾探测器检测到火情时，边缘计算节点可直接触发社区消防警报系统、启动家庭灭火装置，并将信息上传至集中控制平台，避免因中心平台故障导致响应延迟。

3. 服务整合的应用模式

服务整合的应用模式将智能家居服务与社区公共服务相结合，为居民提供一站式生活解决方案。智能家居系统根据居民的睡眠质量、运动步数等健康数据，自动向社区健康服务平台推送个性化健康建议，并预约社区医疗站的体检服务；社区超市依托智能家居冰箱内的食材库存信息，为居民推送商品优惠信息和配送服务；社区物业依据家庭水电用量异常数据，主动联系居民排查设备故障，提供维修服务。这种服务整合模式打破了家庭与社区的服务边界，提升了居民生活的便捷性和智能化体验。

三、智慧城市

(一) 智慧城市的顶层设计框架

1. 技术架构层

技术架构层是智慧城市的基础设施支撑，主要由感知层、网络层和平台层构成。感知层通过部署在城市各个角落的传感器、智能仪表、摄像头等设备，实时采集环境参数、交通流量、能源消耗等物理世界数据，构成城市感知网络的“神经末梢”。网络层依托5G、光纤宽带、物联网等通信技术，搭建高速、稳定、低延迟的数据传输通道，保障感知数据快速、准确地传输至数据处理中心。平台层整合云计算、边缘计算等算力资源，提供数据存储、计算分析和应用开发的基础环境，为上层应用服务提供技术支撑，实现从数据采集到处理的全链路技术保障。

2. 数据融合层

数据融合层是实现智慧城市数据价值挖掘的核心环节，主要负责对城市运行中产生的多源异构数据进行整合与处理。城市数据来源广泛，涵盖政府部门、企业、居民等不同主体，涉及交通、环保、医疗、教育等多个领域，数据格式和标准存在差异。数据融合层通过建立统一的数据标准和接口规范，消除数据壁垒，实现跨部门、跨领域数据的互联互通，并运用大数据清洗、数据挖掘、人工智能算法等技术，对整合后的数据进行深度分析，提取数据背后的关联规律和潜在价值，为城市管理决策提供数据支持，提升城市治理的精准性和科学性。

3. 应用服务层

应用服务层是智慧城市建设成果的直接体现，面向城市居民、企业和政府提供多元化的智能应用服务。在城市管理领域，智能城市的应用服务层涵盖智能交通管理系统、智能安防监控系统、智慧环境监测系统，通过实时监测和智能调度，优化城市交通流量，提升公共安全水平，改善生态环境质量。在公共服务领域，智慧城市的应用服务层提供智慧医疗、智慧教育、智慧社区服务，居民可通过智能终端享受在线诊疗、远程教学、社区便民服务，提升生活便捷度和幸福感。在产业发展领域，其支持智慧制造、智慧物流、智慧金融应用，推动产业数字化转型，提高产业发展效率和竞争力，实现城市经济的高质量发展。

（二）智能建筑在智慧城市中的定位与作用

1. 智慧城市的基础空间单元

智能建筑是构成智慧城市的基本空间单元，其内部集成了楼宇自动化系统、通信网络系统、办公自动化系统等智能化设施，具备环境感知、自动控制、信息交互等能力。从空间尺度来看，智能建筑既是居民生活、工作的直接场所，也是城市功能网络的具体载体，通过与周边建筑、社区的空间连接，形成城市空间网络的基础节点。这种基础单元的属性使得智能建筑能够将城市的宏观规划与微观运行相结合，成为智慧城市空间布局和功能实现的重要支撑。

2. 城市数据采集与上传的核心节点

智能建筑内部部署的各类传感器和智能设备，能够实时采集建筑内部的能耗数据、温湿度数据、光照强度数据、人员流动数据等微观数据。这些数据通过建筑内部的局域网和城市物联网传输至智慧城市数据平台，成为城市数据资源的重要来源。建筑的能耗数据可为城市能源规划和节能减排政策的制定提供依据，人员流动数据能帮助优化城市交通线路和公共服务设施布局，环境质量数据有助于城市环境治理和生态保护。智能建筑作为数据采集节点，实现了城市微观运行数据与宏观管理决策的有效衔接，为智慧城市的数据驱动提供了基础支撑。

3. 城市服务功能的协同载体

智能建筑不仅满足自身内部的功能需求，还通过与智慧城市其他系统的协同联动，拓展服务外延，提升城市整体服务效能。其能源管理系统可依据城市电网负荷情况，自动调节内部空调、照明等设备运行状态，参与城市能源削峰填谷，提高能源利用效率。在安全层面，建筑内的火灾报警、安防监控等子系统可与城市应急指挥中心实时联动，遇紧急情况能快速传递信息并启动应急处置预案，提升城市应急响应速度和处置能力。至于公共服务，建筑内的智慧服务设施能对接城市公共服务平台，为居民提供一站式的政务、生活等服务，实现城市服务资源的优化配置和高效利用。

第三节　建筑的智商评价与可持续发展

一、建筑智商评价体系构建

（一）技术维度指标构成

技术维度指标聚焦智能建筑的硬件设施与系统集成能力，核心包括智能化系统集成度、感知设备覆盖率和数据处理能力。智能化系统集成度反映楼宇自动化系统（BAS）、通信自动化系统（CAS）和办公自动化系统（OAS）的协同运行水平，可通过系统间数据交互频率、指令响应同步率等参数衡量。感知设备覆盖率指温度、湿度、光照、安防等类型传感器的部署数量占建筑功能区域（包括办公区、公共区、设备间等）总面积的比例，直接影响环境监测与智能调节的精度。数据处理能力涵盖边缘计算节点的实时响应速度（单位为毫秒级）和云计算平台的数据分析精度，包括异常检测准确率，是实现建筑“智能决策”的技术保障。

（二）功能维度指标构成

功能维度指标关注智能建筑满足用户需求的实际表现，主要包括空间适应性、用户体验优化和服务响应及时性。空间适应性体现建筑布局对不同使用需求的调整能力，包括灵活隔断系统的机械切换效率（单位时间内完成空间重构的次数）和智能照明系统的场景模式切换成功率。用户体验优化通过室内环境舒适度参数衡量，包括温度调节精度（与设定值的偏差范围）、湿度控制稳定性（波动幅度）和照度均匀度（区域内最大与最小照度比值）。服务响应及时性反映运维[❶]服务的效率，包括故障报修的平均处理时间（从报修到解决的时长）和智能客服系统的问题解决率（成功响应并解决用户咨询问题的比例）。

（三）可持续维度指标构成

可持续维度指标衡量智能建筑在资源利用与环境影响方面的表现，关键指标包括能源利用效率、资源循环利用率和环境影响程度。能源利用效率通常以单位面积年能耗量（$kW \cdot h/m^2$）与区域同类建筑基准值的比值表示，比值越低表明能源管理越高效。资源循环利用率涉及建筑材料的可回收成分占比（钢结构、铝合金等可回收材料占总建材量的比例）和水资源再生利用率（中水回用、雨水收集系统处理水量占总用水量的比例）。环境影响程度通过碳排放强度［$kgCO_2/(m^2 \cdot 年)$］和室内空气质量达标率［符合《室内空气质量标准》（GB/T 18883）的时长占比］评估，直接关联建筑的生态友好性。

❶ 运行维护，简称运维。因行业习惯，本书均采用简称。

二、智能建筑的可持续发展目标

智能建筑的可持续发展目标见表 1-4～表 1-6。

表 1-4　资源高效利用目标体系

目标维度	技术路径	核心指标	智能系统	效益表现
建材高效利用	BIM 全周期管理 模块化建造 预测性维护	建材回收率≥80% 施工损耗率≤5%	建材追溯系统 构件健康监测	全生命周期成本降低 25%
能源优化配置	光伏建筑一体化 AI 能源调度 储能系统	可再生能源占比≥30% 能耗强度≤50kWh/（m^2·年）	微电网管理系统 用能行为分析	碳排放减少 40%～60%
水资源循环	雨水收集利用 智能漏损控制 膜生物反应器	非传统水源利用率≥30% 管网漏损率≤5%	水平衡监测平台 灌溉智能决策	用水成本下降 35%

表 1-5　环境友好与低碳目标体系

控制领域	技术措施	监测手段	智能设备	减排效果
碳减排	低碳建材选择 能源结构优化 碳足迹追踪	在线监测系统 MRV 核算平台	碳管理驾驶舱 LCA 分析工具	碳排放强度年降低 8%
污染控制	智能通风净化 分级污水处理 主动降噪	多参数传感器阵列 噪声地图	环境质量中台 隔声自调节系统	污染物达标率 100%
生态协同	数字孪生模拟 智能立体绿化 海绵设施	生态监测站 生物多样性指数	生态绩效看板 灌溉机器人	热岛效应降低 2～3℃

表 1-6　人居品质提升目标体系

提升方向	智能技术	功能实现	关怀场景	用户满意度
健康环境	人体舒适度模型 空气品质联动 节律照明	$PM_{2.5}$≤35μg/m^3 照度自适应调节	疗愈花园 健康管理中心	舒适度评价≥90 分
无障碍设计	三维导航系统 智能助残设备 语音交互	无障碍设施覆盖率 100% 应急响应≤3min	老年友好社区 儿童安全园区	特殊群体使用率达到 85%
人文服务	情感计算 场景记忆 社区云平台	个性化服务匹配度 90% 邻里互动频次增加 50%	智能书屋 共享厨房	社区归属感提升 40%

三、评价与可持续发展的协同机制

（一）评价体系对可持续发展的引导作用

评价体系作为智能建筑智商评价的核心工具，其对可持续发展的引导作用主要体现在指标设置与结果应用两个层面。通过将可持续发展的核心要素系统纳入评价框架，评价体系能够为智能建筑的全流程决策提供明确方向。在指标设置阶段，需结合建筑在能源消耗、资源利用、环境影响等方面的可持续发展需求，筛选具有代表性的评价维度，如建筑运行阶段的能耗强度、可再生能源利用率、室内环境质量达标率等，这些指标的设定直接决定了可持续发展目标在建筑实践中的优先级。评价结果的应用则进一步强化引导效果，当评价结果与设计方案、施工工艺或运维策略的选择直接挂钩时，能够推动相关主体主动优化技术路径，在设计阶段优先选择低能耗建材、在运维阶段通过智能调控降低能源浪费，从而实现评价体系对可持续发展的正向引导。

（二）可持续发展目标对评价指标的优化路径

可持续发展目标为评价指标的动态优化提供了宏观指引与方向校准。在智能建筑领域，可持续发展目标通常包括碳减排、资源循环利用、生态友好等具体方向，这些目标需要通过评价指标的细化与调整转化为可操作的评价标准。首先是目标的层级分解，将宏观可持续发展目标拆解为建筑层面的中观目标，再进一步细化为可量化的微观指标——将“碳中和”目标分解为建筑全生命周期碳排放总量指标，再细分为施工阶段碳排放强度、运行阶段碳排放量等具体指标。其次是评价指标的动态调整机制，随着可持续发展理念的深化和技术的进步，评价指标需要定期更新以适应新的目标要求，绿色建材技术成熟后可在评价指标中增加绿色建材使用率的权重，智慧运维技术普及后则调整运维阶段能源效率的评价阈值，确保评价指标始终与可持续发展目标保持协同。

（三）全生命周期视角下的协同管理策略

全生命周期视角下的协同管理策略旨在实现智能建筑评价与可持续发展在规

划、设计、施工、运维及拆除各阶段的无缝衔接与动态适配。在规划阶段，需基于可持续发展目标确定评价体系的核心框架，明确各阶段的评价重点，规划阶段侧重选址的生态兼容性评价，设计阶段侧重方案的能源效率与资源优化评价。施工阶段则需建立评价指标与施工工艺的联动机制，通过实时监测施工过程中的资源消耗、废弃物产生等数据，对照评价指标进行动态调整，确保施工行为符合可持续发展要求。运维阶段是协同管理的关键环节，需依托智能监测系统，通过物联网设备监测建筑能耗、室内环境参数等，实现评价指标数据的实时采集与分析，结合评价标准及时优化运维策略，延长建筑使用寿命并降低运行成本。拆除阶段则需纳入建筑材料的回收率、废弃物的无害化处理率等循环经济评价指标，实现全生命周期的可持续闭环管理。

第二章 智能建筑设计基础的应用技术

第一节 数字孪生技术

一、数字孪生技术的概念与内涵

（一）数字孪生技术的定义

数字孪生技术通过数字化手段构建物理实体的虚拟映射模型，此模型能实时反映物理实体的状态、行为和性能，并支持两者间的数据交互与协同进化。其核心在于虚拟模型与物理实体的动态一致性，不仅涉及几何形态的映射，更涵盖物理属性、运行规则、环境交互等多方面的信息集成。虚拟模型并非物理实体的简单复制，而是通过数据驱动和模型计算构建的具有决策支持能力的数字化镜像。

（二）数字孪生技术的核心特征

数字孪生技术的核心特征见表 2-1。

表 2-1 数字孪生技术的核心特征

核心特征	技术实现	数据要求	价值效益
多维度动态映射	3D 几何建模 多物理场仿真 行为模式分析	高精度测绘数据 材料属性参数 运行历史数据	系统认知度提升 80% 设计优化效率提高 50%
实时数据交互	物联网感知 5G 数据传输 边缘计算处理	实时传感器数据 设备运行日志 环境监测信息	决策响应速度提升 60% 故障发现时间缩短 90%

续表

核心特征	技术实现	数据要求	价值效益
全生命周期管理	数字主线构建 版本控制系统 知识图谱应用	全周期工程数据 维护记录 改造历史	全周期成本降低 35% 维护效率提高 70%
高保真预测	多尺度仿真 机器学习算法 虚拟实验验证	历史运行数据 环境参数 负载工况	风险预警提前 3～6 个月 能效提升 20%～30%

（三）数字孪生与智能建筑的关联性

1. 智能建筑全生命周期的数字化支撑

智能建筑作为复杂的综合性系统，其设计、施工、运维等阶段涉及多专业、多要素的协同，数字孪生技术为这一过程提供了全生命周期的数字化支撑。在设计阶段，通过构建建筑的数字孪生模型，可对空间布局、设备配置、能源消耗等进行模拟分析，优化设计方案；在施工阶段，数字孪生模型与施工现场的物联网设备连接，实时反映施工进度、质量状态，实现施工过程的可视化管理；在运维阶段，数字孪生模型整合建筑设备运行数据、环境监测数据等，支持设备故障诊断、能耗优化和空间使用效率提升，实现智能建筑全生命周期的数字化闭环管理。

2. 建筑系统协同运行的优化工具

智能建筑包含建筑设备自动化系统、安防系统、能源管理系统等多个子系统，各系统之间的协同运行是实现建筑智能化的关键。数字孪生技术通过构建涵盖整个建筑及所有子系统的虚拟模型，能够打破子系统间的数据孤岛，实现多系统数据的集成与共享。基于数字孪生模型，可模拟不同子系统的运行状态及其相互影响，分析系统间的协同效率，优化控制策略，协调空调系统与照明系统的运行参数以降低整体能源消耗，提升智能建筑的综合性能。

3. 建筑智能化水平提升的核心技术

数字孪生技术是提升建筑智能化水平的核心技术之一。传统建筑管理依赖人工巡检和经验判断，存在响应滞后、效率低下等问题。数字孪生技术通过实时数据采集和虚拟模型模拟，实现了建筑状态的可视化、可预测和可控制。在能源管理方面，数字孪生模型可基于实时能耗数据和环境参数，预测未来能耗趋势，自动调整设备运行策略；在安全管理方面，通过整合安防系统数据，数字孪生模型可模拟潜在安全风险，提前发出预警并辅助制订应急方案。智能化的管理模式显著提升了建筑的运行效率、安全性和舒适度，推动智能建筑向更高水平发展。

二、数字孪生技术的体系架构

（一）物理实体层

物理实体层是数字孪生技术体系的物理基础，对应智能建筑的实际物理空间及其中的所有实体对象。该层级包含建筑本体结构的墙体、楼板、梁柱等承重构件，各类机电设备系统的暖通空调系统、给排水系统、电气系统、安防系统，还集成温度传感器、湿度传感器、压力传感器、振动传感器、智能阀门、变频控制器等大量感知设备与执行装置。物理实体层的核心作用是通过感知设备实时采集建筑运行过程中的各类状态数据；环境参数包括室内温湿度、光照强度；设备运行参数涵盖空调机组的能耗、水泵的流量；结构安全参数涉及构件的应力应变，并接收来自虚拟模型层的控制指令，通过执行装置对物理实体的运行状态进行调节。物理实体层采集的数据是数字孪生模型构建与运行的原始输入，其数据采集的覆盖面、准确性和实时性直接影响整个数字孪生系统的可靠性与应用效果。

（二）虚拟模型层

虚拟模型层是物理实体在数字空间的数字化表达，是实现虚实交互与仿真分析的核心载体。这一层级通过多维度建模技术构建物理实体的完整数字化映射，构建出的数字化映射涵盖几何、物理及行为三类模型。几何模型基于建筑信息模型（BIM）技术，按照 1：1 比例精确构建建筑的三维空间结构，涵盖建筑构件的尺寸、形状、位置关系及材料属性等细节；物理模型通过引入材料力学、热力学等物理方程，模拟建筑构件在外部荷载作用下的变形、应力分布等力学响应，以及设备系统的物理特性，包括空调系统的传热过程、电气系统的功率损耗等；行为模型则通过建立数学算法和规则库，描述设备系统的运行逻辑和交互关系，诸如电梯的调度策略、照明系统的开关控制逻辑。虚拟模型层需要与物理实体层保持动态同步：当物理实体的状态发生变化时，虚拟模型能够通过数据交互层实时更新自身状态；通过对虚拟模型的仿真分析得到的优化方案也可指导物理实体的运行调整。

（三）数据交互层

数据交互层是连接物理实体层与虚拟模型层的关键纽带，负责实现跨层级的数据传输、转换、融合与处理。该层级主要由数据采集模块、数据传输网络、数据处理中心和数据存储系统组成。数据采集模块通过标准化接口从物理实体层的感知设备中获取原始数据，并进行格式转换和初步清洗，去除明显的噪声数据；数据传输网络依托物联网（IoT）、5G 等通信技术，构建低延迟、高带宽的数据传输通道，确保采集数据能够实时上传至数据处理中心；数据处理中心采用边缘计算与云计算相结合的架构，对上传的数据进行实时分析、特征提取和多源数据融合，通过将温度传感器数据与空调运行数据融合分析识别设备运行异常；数据存储系统根据数据类型和应用需求选择合适的存储方案，如采用时序数据库存储传感器采集的历史时序数据，关系数据库存储建筑构件的静态属性信息，非关系数据库存储非结构化的模型文件等。数据交互层的高效运行是保障虚拟模型与物理实体精准同步的前提，其数据处理能力直接决定了数字孪生系统的实时性和响应速度。

（四）应用服务层

应用服务层是数字孪生技术面向用户需求的功能输出层级，基于前三个层级提供的基础数据和模型支撑，实现智能建筑在不同业务场景下的应用功能。该层级通过模块化设计构建多样化的应用服务模块，建筑设计优化服务、施工过程管理服务、运维监测与预警服务、能耗分析与优化服务均为常见类型。建筑设计优化服务利用虚拟模型进行多方案仿真对比，评估不同设计方案的空间利用率、采光效果、通风性能等，辅助设计人员选择最优方案；施工过程管理服务通过虚拟模型预演施工流程，模拟不同施工工序的搭接关系，识别施工过程中的潜在冲突和安全风险，优化施工进度计划；运维监测与预警服务基于实时采集的数据和虚拟模型的仿真分析，对建筑设备的运行状态和结构安全状况进行持续监测，发现异常情况时及时发出预警信息，提醒运维人员进行处理；能耗分析与优化服务通过分析建筑各系统的能耗数据和运行参数，结合虚拟模型模拟不同调控策略下的能耗变化，提出针对性的节能优化方案，降低建筑运行能耗。应用服务层提供用户交互界面，通过可视化技术将虚拟模型、实时数据和分析结果以直观的方式呈现给用户，支持用户进行模型操作、参数调整和决策制订，实现数字孪生技术的实际应用价值。

三、数字孪生技术的关键支撑技术

数字孪生技术的关键支撑技术及其功能指标等见表 2-2。

表 2-2　数字孪生技术关键支撑技术

技术类别	核心技术	关键功能	技术指标	典型工具/平台
三维建模技术	参数化建模 BIM 技术 点云扫描	构建高精度数字模型	模型精细度（LOD）300~500 几何误差≤3mm	Revit AutoCAD SketchUp
实时数据采集与传输	物联网传感 5G/Wi-Fi6 MQTT 协议	实时状态监测 数据同步	采样率 10Hz~1kHz 延迟<100ms	Siemens MindSphere PTC ThingWorx
大数据分析与仿真	机器学习 多物理场仿真 数字线程	预测分析 优化决策	处理速度>1TB/h 预测准确率>90%	ANSYS MATLAB TensorFlow
边缘-云协同计算	边缘节点 云计算平台 分布式存储	实时响应 全局优化	边缘响应<50ms 云端存储>1PB	AWS IoT Greengrass Azure Digital Twins

四、数字孪生技术在智能建筑设计中的应用场景

（一）建筑全生命周期建模

1. 多阶段数据融合与集成

数字孪生技术支持将建筑全生命周期各阶段的分散数据进行系统性融合，形成统一的模型数据基底。规划阶段，模型整合城市地理信息系统数据、场地地质勘察数据以及区域气候参数，为建筑选址与初步布局提供量化依据；设计阶段导入BIM模型数据、结构计算参数、机电系统配置信息，实现建筑功能与性能的数字化表达；施工阶段通过物联网设备采集的现场进度数据、物料消耗数据与质量检测数据，与设计模型进行实时比对；运维阶段持续接入设备运行传感器数据、能源消耗数据以及用户使用反馈数据，使模型能够反映建筑的实际运行状态。多阶段数据的融合与集成，消除了传统设计中各阶段信息传递的壁垒，确保数据的一致性与连续性。

2. 动态模型更新与迭代机制

数字孪生模型并非一次性构建完成，而是随着建筑全生命周期的推进进行动态更新与迭代。在设计阶段，模型会根据方案调整进行实时修改，反映设计思路的变化；在施工阶段，实际施工与设计模型出现偏差时，模型通过数据接口接收现场反馈并自动修正，保障模型与建筑实体的一致性；在运维阶段，模型会根据设备老化程度、空间使用模式的变化以及技术升级需求进行持续性迭代，确保模型始终准确映射建筑当前状态。这种动态更新机制使数字孪生模型得以贯穿建筑的整个全生命周期，为各阶段的决策提供可靠的数字化支持。

（二）设计方案优化与验证

1. 多方案对比与性能模拟

数字孪生技术为智能建筑设计方案的优化提供了量化分析工具，通过构建不同设计方案的数字孪生模型，可对各方案的多项性能指标进行模拟与对比。在建

筑布局设计中，模型能够模拟不同平面布局对采光效率、通风效果及空间利用率的影响，通过计算各区域的日照时长、风速分布与功能分区合理性，筛选出最优布局方案；在结构设计中，模型可以模拟不同结构形式在地震、风荷载等工况下的受力状态，通过应力云图与位移曲线直观展示结构安全性，辅助工程师优化构件尺寸与材料选择；在能源系统设计中，模型能够结合建筑使用 schedule 与气候数据，模拟光伏系统、地源热泵系统的能耗表现与经济性，为绿色建筑设计提供数据支持。

2. 设计冲突检测与协同优化

在复杂智能建筑设计中，各专业之间的设计冲突是影响设计质量的重要因素，数字孪生技术通过构建集成化的协同设计平台，实现设计冲突的提前检测与协同优化。模型能够将建筑、结构、机电、智能化系统的设计成果整合到同一数字环境中，通过碰撞检测算法自动识别管线与结构构件的空间冲突、系统接口不匹配等问题，并生成冲突报告与可视化标记；设计团队可以基于数字孪生模型进行实时协同，在虚拟环境中共同讨论冲突解决方案，直接在模型中进行修改与验证，避免传统二维图纸会审中信息传递不及时导致的冲突遗漏。这种协同优化机制不仅提高了设计效率，也大幅降低了施工阶段的设计变更率。

（三）施工过程模拟与管理

1. 施工进度可视化模拟与管控

数字孪生技术通过关联施工进度计划与三维模型，构建施工进度数字孪生模拟系统以实现施工过程的可视化管控。施工前，模型依据施工组织设计中的工序安排与时间节点，模拟整个施工过程的三维动态效果，直观展示各分部分项工程的开始与结束时间、工序衔接关系及资源投入情况；施工过程中，物联网设备采集的现场实际进度数据与模拟进度实时比对，生成进度偏差分析报告，进度滞后时模型自动分析原因并模拟调整后的进度计划，辅助项目管理人员优化资源调配与工序安排。可视化模拟与管控使施工进度管理从传统的甘特图平面管理升级为三维动态管理，提高了进度控制的准确性与及时性。

2. 施工资源优化配置与风险预警

数字孪生模型能够整合施工过程中的资源数据与场地环境数据，实现资源的优化配置与施工风险的提前预警。资源配置上，模型通过分析各施工阶段的资源需求高峰与低谷，结合资源供应情况，制订动态的资源调配计划，避免资源闲置或短缺；场地管理中，模型可以模拟材料堆放位置、机械设备行走路径与施工区域划分对施工效率的影响，优化场地布局以减少交叉作业干扰；风险预警时，模型能够识别施工过程中的潜在风险点，通过实时监测数据与风险阈值的比对，当风险指标接近阈值时自动发出预警信号，辅助管理人员及时采取防控措施。

（四）运维阶段的可视化监控

1. 建筑设备运行状态实时监测

数字孪生技术在智能建筑运维阶段的核心应用之一是实现建筑设备运行状态的可视化实时监测。通过将建筑内各类设备的传感器数据接入数字孪生模型，模型能够以三维可视化方式展示设备的运行参数、工作状态与故障信息。空调系统的数字孪生模块可以实时显示各区域的温度、湿度、空气品质数据以及空调机组的能耗、压缩机运行频率等参数，当某区域温度偏离设定值或设备出现异常时，模型会自动标记异常位置并发出警报；电梯系统的数字孪生模块则能够展示电梯的实时位置、运行速度、载重情况以及维护保养记录，辅助运维人员及时发现潜在故障并安排检修。这种可视化监测使设备运维从传统的定期巡检转变为基于数据的精准运维，提高了设备运行的可靠性与效率。

2. 建筑空间使用与能耗优化管理

数字孪生模型还能够整合建筑空间使用数据与能源消耗数据，为运维阶段的空间优化与能耗管理提供支持。数字孪生模型能够分析各区域的人员流动数据、使用频率与占用时长，识别空间利用效率低下的区域，辅助管理人员调整空间功能布局或优化租赁策略。在能耗管理上，其能够将能源消耗数据与建筑使用情况、气候条件进行关联分析，识别能耗异常区域与时段，模拟调整空调温度设定、优化照明控制策略等措施的节能效果，制订个性化的能耗优化方案。这种基于数据的管理方式帮助建筑运维方实现了空间资源的高效利用与能源消耗的持续降低。

第二节 物联网技术

一、物联网技术的基本原理

（一）物联网的定义与特征

物联网作为智能建筑设计与应用的关键支撑技术，理解其技术内涵需从定义与核心特征入手。物联网是通过信息传感设备按照约定协议将各类物理实体与互联网连接，实现信息交换与通信以达成智能化识别、定位、跟踪、监控和管理的网络系统。其核心在于“物物相连”，突破传统网络仅连接计算机设备的局限，将各类物理实体纳入网络范畴，赋予信息交互能力，构建起全面感知、可靠传输、智能处理的综合网络体系。

物联网的核心特征体现在三个方面。全面感知能力是物联网与物理世界交互的基础，部署传感器、RFID 标签（射频识别标签）、摄像头等感知设备可实时采集物体状态信息、环境参数及行为数据，实现对物理世界的精准捕捉。可靠互联能力依托有线与无线通信网络，将感知层数据安全高效地传输至处理中心，通信协议的标准化和兼容性是保障互联能力的关键，也是规模化应用的前提。智能处理能力通过云计算、边缘计算、大数据分析等技术对数据深度处理，提取有价值信息并实现自动化决策和智能控制，从数据到知识再到行动的转化过程是智能化应用的核心环节。

（二）物联网的工作机制

物联网的工作机制通过分层协同实现从信息采集到智能应用的闭环流程，各层级功能明确且数据交互紧密。信息感知层作为与物理世界直接交互的接口，主要功能是采集原始数据。该层级部署温度、湿度、光照传感器及运动探测器、RFID读写器等设备，对建筑环境中的物理参数、设备状态、人员活动等信息实时监测。传感器选型需依据应用场景，能耗监测采用高精度电流电压传感器，安防系统多使用红外传感器和摄像头。采集数据经信号调理和A/D转换后满足传输处理要求。

网络传输层负责数据传输与指令下发，通信方式分为有线与无线两类。有线通信中以太网、RS485总线传输速率高、稳定性强，适用于固定设备连接；无线通信中Wi-Fi、蓝牙、ZigBee、LoRa部署灵活、成本低，广泛应用于移动设备和分布式传感器网络。为保障数据安全实时性，传输层采用AES加密技术保护隐私，通过QoS（服务质量）管理机制优化传输路径，减少数据延迟和丢包率。

数据处理层是智能决策核心，承担数据存储、清洗、融合和分析任务。采用云计算与边缘计算相结合的架构，边缘计算负责处理实时性要求高的数据，包括设备控制指令，云计算负责大规模数据长期存储和深度分析，包括历史数据趋势预测。处理过程运用数据挖掘算法和机器学习模型，从数据中提取规律和异常特征，为应用服务层提供决策支持。

应用服务层作为与用户交互的界面，根据需求提供定制化智能服务，在智能建筑领域可实现设备自动化控制、能源消耗监测优化、安全防范与应急响应等功能。建筑设备管理系统等软件平台能将分析结果可视化呈现，支持用户通过移动终端或控制面板进行远程操作和参数配置，进而实现智能建筑高效运行和人性化管理。

（三）物联网与智能建筑的融合逻辑

物联网与智能建筑的融合基于技术互补性和功能需求匹配，是建筑行业智能化转型的必然趋势。融合的技术基础在于物联网分层架构与智能建筑系统组成的天然兼容性。智能建筑设备可作为物联网感知层节点，通过传感器采集运行数据；建筑通信网络作为传输层基础设施实现数据可靠传输；建筑设备管理系统和云平台承担数据处理层功能进行分析决策。这种技术架构一致性使物联网能无缝集成到智能建筑设计建设中，无须大规模改造现有结构。

融合的功能需求匹配体现在智能建筑对高效运行、节能环保、安全舒适的需求与物联网技术优势的精准契合。高效运行上，物联网通过实时监测设备状态和能耗数据实现按需运行维护，减少资源浪费；节能环保上，物联网根据环境参数智能调节空调照明系统以降低能耗；安全舒适上，物联网通过安防与环境传感器联动实现入侵检测、火灾预警和环境优化，提升安全性和居住体验。这种功能契合使物联网成为实现智能建筑核心目标的关键技术。

融合的实现路径依靠标准化协议、系统集成和平台构建。标准化协议通过BACnet、Modbus、LoRaWAN 等统一通信协议，确保不同厂商设备系统互联互通，避免信息孤岛；系统集成通过中间件技术和 API 接口整合建筑各子系统到统一物联网平台，实现数据共享和协同控制；平台构建集数据采集、存储、分析、应用于一体的物联网云平台，为智能建筑全生命周期管理提供技术支持。通过这三个路径的协同，物联网深度融入智能建筑设计、施工、运维各阶段，全面提升智能化水平。

二、物联网技术的体系结构

（一）感知层技术

感知层是物联网体系结构的基础层级，主要负责物理世界信息的采集与识别，是连接物理环境与信息系统的桥梁。这一层级通过各类感知设备将温度、湿度、光照、人员活动等物理量转化为可处理的数字信号，为物联网系统提供原始数据支撑。智能建筑中的感知层技术应用直接影响整个系统的数据采集精度和响应及时性，是实现建筑智能化控制的前提。

1. 传感器技术

传感器是感知层的核心设备，其功能是将非电物理量或化学量转化为电信号输出。按照检测对象的不同，智能建筑中常用的传感器包括环境传感器、运动传感器和安防传感器等。温度传感器、湿度传感器等环境传感器可实时监测建筑内部的温湿度变化，为空调系统的智能调节提供数据；光照传感器能根据自然光强度控制室内照明设备的开关和亮度；人体红外传感器等运动传感器可检测特定区域的人员活动情况，实现照明和空调的人来即开、人走即关功能；烟雾传感器、红外对射传感器等安防传感器则用于建筑的安全防范，及时发现火灾或非法入侵等异常情况。传感器的性能参数如测量范围、精度、响应时间和功耗等，直接决定了感知层数据采集的质量。

2. 射频识别技术

射频识别技术通过无线电信号自动识别目标对象并获取相关数据，由电子标签、阅读器和天线三部分组成。电子标签附着在被识别物体上，存储着物体的身份信息和属性数据；阅读器通过天线发送无线电波，与电子标签进行通信并读取标签内的信息。根据供电方式的不同，电子标签可分为有源标签和无源标签，无源标签无须内置电池，通过接收阅读器发射的电磁波获取能量，具有成本低、寿命长的特点，在智能建筑的设备资产管理、人员定位中应用广泛；有源标签则具有识别距离远、数据传输速率高的优势，但成本和功耗相对较高，适用于对识别距离要求较高的场合。射频识别技术的识别速度快、抗干扰能力强，且可实现多标签识别，有效提升了智能建筑中物资和人员管理的效率。

3. 二维码与条形码技术

二维码与条形码技术是传统的图形编码识别技术，通过在平面上按一定规律分布的黑白相间图形来记录数据信息。条形码是一维码，只能在一个方向上表达信息，数据容量较小，主要用于商品标识等简单信息存储；二维码则是在二维方向上都能存储信息的图形符号，具有信息容量大、容错能力强、译码可靠性高的特点，可存储包括文字、网址、图片等多种类型的数据。在智能建筑中，二维码技术常用于访客登记、设备巡检记录等环节，访客通过扫描二维码获取门禁权限，巡检人员通过扫描设备上的二维码记录巡检信息；条形码则在建筑物资管理中仍有应用，通过扫描物资包装上的条形码快速录入物资信息，实现物资库存的自动化管理。尽管二维码与条形码技术相对传统，但其低成本、易操作和普及性使其在物联网感知层中仍占据一定的地位。

（二）网络层技术

网络层是物联网体系结构的中间传输层级，负责将感知层采集到的数据传输至应用层，并将应用层的控制指令下发至感知层设备，是连接感知层与应用层的通信枢纽。该层级需要解决不同类型感知设备的数据传输问题，确保数据传输的可靠性、实时性和安全性，应对智能建筑中大量设备接入带来的网络负载压力。

1. 有线传输技术

有线传输技术通过物理线缆实现数据传输，具有传输速率稳定、抗干扰能力强、安全性高的特点，是智能建筑网络层的骨干传输方式。常用的有线传输技术包括以太网技术和光纤通信技术。以太网技术基于 TCP/IP 协议，技术成熟、成本低、兼容性好，适用于建筑内部固定设备包括服务器、监控主机、门禁控制器的网络连接，通过双绞线或同轴电缆实现数据传输，传输速率可达 100Mbps、1000Mbps 甚至更高；光纤通信技术则以光信号为传输介质，通过光纤进行数据传输，具有传输速率极高、传输距离远、抗电磁干扰能力强的优势，常用于智能建筑中楼宇之间或远距离设备的数据传输以及对传输带宽要求较高的高清视频监控信号传输场景。智能建筑中通常通过综合布线系统将以太网和光纤通信等有线传输技术整合，形成覆盖整个建筑的稳定可靠的有线传输网络。

2. 无线传输技术

无线传输技术无须物理线缆连接，具有部署灵活、扩展性强、适用于移动设备的特点，是对有线传输技术的补充，满足智能建筑中移动设备和不便布线设备的通信需求。智能建筑中常用的无线传输技术包括 Wi-Fi、蓝牙、ZigBee 和 LoRa 等。Wi-Fi 技术基于 IEEE 802.11 标准，覆盖范围较广，传输速率高，适合智能手机、平板电脑等移动设备接入以及视频流传输等大数据量传输；蓝牙技术功耗低、成本低，传输距离较短，适用于智能门锁与手机的通信、无线传感器节点之间的近距离数据交换等短距离设备互联；ZigBee 技术基于 IEEE 802.15.4 标准，具有低功耗、低数据速率、自组织网络的特点，适合智能建筑中的温湿度传感器网络、照明控制网络等大规模传感器网络部署；LoRa 技术则是一种低功耗广域网技术，传输距离远，功耗低，可实现数千米范围内的设备通信，适用于建筑外围的环境监测传感器等对传输距离要求较高且数据传输量较小的场景。在实际应用中，智能建筑需根据不同设备的通信需求和应用场景，选择合适的无线传输技术，构建多样化的无线通信网络。

3. 网络协议与异构融合

物联网网络层涉及多种类型的网络和设备，既需要通过统一的网络协议来规范数据传输格式和通信流程，也需通过异构网络融合技术实现不同类型网络之间的互联互通。常用的物联网网络协议包括 TCP/IP 协议、CoAP 协议和 MQTT 协议。TCP/IP 协议是互联网的基础协议，具有可靠性高、兼容性好的特点，适用于大部分数据传输场景，智能建筑中的有线网络和部分无线网络通常基于 TCP/IP 协议进行通信；CoAP 协议是一种轻量级应用层协议，专为资源受限的物联网设备设计，具有开销小、传输效率高的优势，适用于传感器节点等低功耗设备的数据传输；MQTT 协议是一种基于发布/订阅模式的消息传输协议，具有低带宽、低功耗的特点，适合远程设备监控和数据采集场景。由于智能建筑中有线网络和多种无线网络并存，所以采用异构网络融合技术通过部署网关设备实现不同协议、不同类型网络之间的数据转换和协议适配，将感知层不同设备采集的数据统一传输至应用层，并将应用层的控制指令准确下发至相应的感知设备，确保整个物联网系统的协同工作。

（三）应用层技术

应用层是物联网体系结构的顶层，直接面向用户需求，将网络层传输的数据进行处理和分析，并以具体的应用服务形式呈现给用户，是物联网价值实现的核心层级。针对智能建筑的实际应用场景，该层级开发相应的应用系统和解决方案，实现建筑设备的智能化管理、用户需求的个性化满足以及建筑运行效率的优化提升。

1. 应用系统开发技术

应用系统开发技术是构建应用层功能的基础，涵盖嵌入式系统开发、Web 应用开发和移动应用开发。嵌入式系统开发针对物联网终端设备，智能控制器、传感器节点等需通过编写嵌入式软件实现数据采集、本地数据处理和控制功能，常用开发语言包括 C、C++，开发平台涵盖 ARM、MSP430 等；Web 应用开发主要用于构建智能建筑的远程监控平台，用户通过浏览器访问平台即可实时查看建筑运行状态、设备参数和报警信息，常用开发技术包括 HTML、CSS、JavaScript 及后端开发语言 Java、Python，开发框架包含 Spring Boot、Django；移动应用开发为用户提供便捷的移动终端操作界面，支持用户通过智能手机或平板电脑对建筑设备进行远程控制和管理，常用开发平台有 Android 和 iOS，开发语言包括 Kotlin、Swift。应用系统开发过程中需注重系统的稳定性、实时性和易用性，满足智能建筑对设备状态监控的实时性要求和用户操作的便捷性需求。

2. 行业定制化解决方案

行业定制化解决方案是应用层针对智能建筑特定需求开发的综合性应用服务，通过整合感知层数据、网络层传输和应用层处理能力，实现建筑各系统的智能化运行。智能建筑领域常见的定制化解决方案包括智能安防解决方案、智能照明解决方案和智能空调解决方案等。智能安防解决方案通过整合视频监控、入侵检测、门禁控制等系统，实现对建筑内外的全方位安全监控，检测到异常情况时自动触发报警并通知管理人员；智能照明解决方案根据光照强度、人员活动情况和用户预设需求，自动调节照明设备的开关和亮度，实现照明的节能控制和个性化场景设置；智能空调解决方案通过分析室内温湿度、人员数量和室外环境参数，动态调整空调系统的运行参数，在保证室内舒适度的前提下降低能耗。这些定制化解决方案并非孤立存在，而是通过数据共享和系统联动实现协同工作，共同提升智能建筑的整体智能化水平。

3. 人机交互与可视化技术

人机交互与可视化技术是应用层实现用户与物联网系统互动的关键技术，通过直观的界面和便捷的操作方式，使用户能够实时了解建筑运行状态并进行有效控制。人机交互技术包括图形用户界面、语音交互和手势识别等。图形用户界面是最常用的交互方式，通过窗口、菜单、按钮等元素构建操作界面，用户可通过鼠标、触摸屏等设备进行操作；语音交互技术允许用户通过语音指令控制设备，“打开会议室灯光”“将温度调至 26℃”等指令提升了操作的便捷性；手势识别技术则通过识别用户的手势动作来实现控制，适用于展厅、会议室等特定场景。可视化技术将采集到的大量数据以图表、仪表盘、三维模型等形式直观展示，帮助用户快速理解数据背后的信息——能耗仪表盘可展示建筑各区域的能耗分布情况，三维建筑模型能呈现各设备的实时运行状态。智能建筑中的中央监控平台是人机交互与可视化技术的典型应用，集成了多种交互方式和可视化手段，为管理人员提供全面的建筑运行监控和管理工具。

（四）管理层技术

管理层是物联网体系结构的支撑层级，负责对整个物联网系统的资源、数据和安全进行统一管理和优化，确保系统的稳定运行和高效协同，是连接应用层与底层技术的重要保障。该层级通过对数据的存储、处理和分析为应用层提供决策支持，通过安全管理和资源调度等方式提升系统的可靠性和资源利用率。

1. 数据存储与处理技术

物联网系统在运行过程中会产生海量的感知数据，数据存储与处理技术负责对这些数据进行有效管理和深度分析，为智能建筑的智能化决策提供数据支持。数据存储技术根据数据类型和应用需求的不同，可分为关系型数据库、NoSQL 数据库和分布式文件系统。关系型数据库采用结构化的数据模型，如 MySQL、Oracle 这类系统适用于存储设备基本信息、用户权限信息等具有明确关系的结构化数据；NoSQL 数据库支持非结构化和半结构化数据存储，MongoDB、Redis 等系统凭借高扩展性和高并发读写能力，适合存储传感器采集的海量时序数据；分布式文件系统可实现海量数据的分布式存储和并行处理，Hadoop Distributed File System（HDFS）适用于大规模历史数据的长期存储。数据处理技术包括实时流处理和批处理，实时流处理技术能够对实时产生的数据流进行快速处理和分析，Apache Storm、Apache Flink 等系统可及时发现异常数据并触发相应的控制策略；批处理技术适用于对大规模历史数据进行离线分析，Apache Hadoop MapReduce 等系统可挖掘数据中隐藏的规律和趋势，为建筑的长期运行优化提供依据。

2. 安全管理技术

物联网系统连接大量感知设备和网络，面临数据传输安全、设备接入安全和用户隐私保护等多方面安全威胁，安全管理技术通过构建多层次安全防护体系，保障系统稳定运行和数据安全。数据加密技术是安全管理的基础，通过对传输和存储的数据进行加密处理，防止数据在传输过程中被窃听或篡改，常用加密算法包括对称加密算法 AES 和非对称加密算法 RSA。身份认证技术确保只有授权的设备和用户能够接入物联网系统，常用认证方式包括密码认证、数字证书认证和生物特征认证，智能建筑场景下，为每个感知设备分配唯一的身份标识和密钥即可实现设备的接入认证。访问控制技术根据用户和设备的角色分配不同操作权限，限制未授权用户对系统资源的访问，普通用户只能查看设备运行状态，管理员则可进行设备参数配置和控制操作。此外，安全管理技术还包括入侵检测技术和安全审计技术，入侵检测技术实时监测系统中的异常行为，及时发现和阻止网络攻击；安全审计技术对系统的操作日志进行记录和分析，为安全事件的追溯和责任认定提供依据。

3. 资源调度与优化技术

物联网系统包含大量的感知设备、网络设备和计算资源，资源调度与优化技术通过动态分配和管理这些资源，提高系统的运行效率和服务质量，降低系统的整体能耗。资源调度技术主要包括计算资源调度和网络带宽调度。计算资源调度根据不同应用的计算需求动态分配服务器的 CPU、内存等计算资源，避免部分应用资源过剩而其他应用资源不足；智能建筑场景下，可依据数据处理任务的优先级和实时性要求合理分配计算资源，确保火灾报警处理、安防监控数据处理等关键任务优先执行。网络带宽调度根据不同设备和应用的数据传输需求动态分配网络带宽以避免网络拥塞，视频监控数据传输高峰期可适当限制非关键传感器的数据传输速率，保障视频流的稳定传输。资源优化技术通过分析系统资源使用情况和设备运行状态来优化资源配置策略，包括调整感知设备采样频率以在保证数据精度的前提下降低设备能耗以及优化服务器运行参数以提高资源利用率、减少能源消耗。资源调度与优化技术的应用，能够使物联网系统在满足智能建筑各项功能需求的基础上，实现资源的高效利用和系统的低能耗运行。

三、物联网技术的核心技术组件

（一）传感器技术

传感器技术是物联网感知层的关键组成部分，核心功能是将物理世界中的各类信息转化为可被系统识别和处理的电信号或数字信号。在物联网体系中，传感器是连接物理环境与信息系统的首要环节，性能直接决定数据采集的准确性和可靠性，影响后续的数据分析与智能决策过程。

1. 传感器的定义与分类

传感器是一种能够响应规定的被测量并按照一定规律转换成可用输出信号的器件或装置。按照检测参数的不同，传感器可分为物理量传感器、化学量传感器和生物量传感器。物理量传感器主要用于检测温度、湿度、压力、光照强度、加速度等物理参数；化学量传感器可检测气体成分、酸碱度、浓度等化学特性；生物量传感器则用于识别生物分子、细胞或组织等生物信息。按照工作原理，传感器又可分为电阻式、电容式、电感式、光电式、压电式等多种类型，不同原理的传感器适用于不同的应用场景和精度要求，如光电式传感器在光照检测中具有响应速度快的优势，压电式传感器则更适合振动和压力的测量。

2. 传感器在物联网中的作用

在物联网体系架构中，传感器处于感知层的最前端，承担着数据采集的基础功能。没有传感器的有效感知，物联网系统便无法获取物理世界的实时数据，后续的网络传输和智能应用也就无从谈起。传感器通过持续或周期性地采集环境数据，为物联网系统提供了原始信息来源，这些数据经过处理后可用于实现对物理设备的监控、环境的调节以及异常情况的预警等功能。传感器的小型化和低功耗发展为物联网设备的广泛部署提供了可能，大量低成本、低功耗的传感器得以分布在不同的物理空间中，形成密集的感知网络。

3. 智能建筑中常用的传感器类型

智能建筑中传感器的应用覆盖了环境监测、安全防控、能源管理等多个领域。在环境监测方面，温度传感器和湿度传感器用于实时监测室内温湿度变化，为空调系统的智能调节提供依据，确保室内环境处于舒适范围；光照传感器可根据自然光照强度自动控制室内照明设备的开关和亮度，实现照明节能。在安全监控领域，红外传感器能够检测人体活动，常用于入侵报警系统；烟雾传感器和燃气传感器则是火灾和燃气泄漏预警的关键设备，可在危险发生初期及时发出警报。此外，occupancy 传感器能够感知房间内人员数量和分布情况，支持建筑空间的动态管理和能源优化，在无人区域自动关闭部分设备以节省能源；振动传感器可用于监测建筑结构的微小振动，及时发现潜在的结构安全隐患，保障建筑的使用安全。

（二）射频识别技术

射频识别技术，简称RFID技术，是一种利用射频信号通过空间耦合实现无接触信息传递并通过所传递的信息达到识别目的的自动识别技术。RFID技术无须物理接触即可完成数据交换，具有识别距离远、识别速度快、支持多目标识别、抗干扰能力强等特点，在物联网的识别层中发挥着重要作用，是实现“物物相连”的重要技术手段之一。

1. RFID的基本组成

RFID系统通常由电子标签、读写器和后端数据处理系统三部分组成。电子标签是存储被识别对象信息的载体，由芯片和天线构成，根据供电方式的不同可分为有源标签、无源标签和半有源标签。有源标签内置电源，能够主动发射射频信号，识别距离较远，但寿命有限且成本较高；无源标签无须电源，通过接收读写器发射的射频信号获取能量并返回信息，成本低且寿命长，但识别距离较短；半有源标签结合了两者的特点，在未被激活时处于休眠状态以节省能源，激活后通过内置电源增强信号传输，兼顾了识别距离和使用寿命。读写器是用于发射射频信号并接收电子标签返回信息的设备，主要功能是实现与电子标签之间的数据交互，并将获取的数据传输至后端数据处理系统。后端数据处理系统负责对读写器传输的数据进行存储、分析、管理和应用，实现对被识别对象的实时监控、追踪和管理。

2. RFID的工作原理

RFID技术的工作过程基于电磁感应或电磁反向散射耦合原理。当读写器向电子标签发送特定频率的射频信号时，无源标签通过天线接收该信号，天线将射频信号转换为交变电磁场，进而在标签芯片中产生感应电流，为芯片供电；有源标签则通过内置电源主动发射射频信号。电子标签被激活后，将存储在芯片中的信息进行编码，并通过天线以射频信号的形式反射或发射回读写器。读写器对接收到的射频信号进行解调、解码和处理，提取出电子标签中的数据信息，并将这些数据上传至后端数据处理系统。通过这一过程，RFID 系统实现了对电子标签所附着对象的非接触式识别和信息获取，整个过程无须人工干预，可实现自动化识别和数据采集。

3. RFID 在智能建筑中的应用场景

在智能建筑中，RFID 技术的应用主要集中在资产管理、人员管理和安全控制等方面。在资产管理领域，为建筑内的设备、家具、工具等资产安装电子标签后，管理人员可利用手持读写器或固定读写器快速识别资产的位置、型号、使用状态、维护记录等信息，实现资产的实时追踪和高效管理，减少资产丢失、闲置和重复购置的情况，降低管理成本。在人员管理方面，员工或访客佩戴集成 RFID 标签的身份卡，可通过出入口、电梯等位置的读写器自动完成身份验证和进出记录，提高人员进出管理的效率和安全性；通过对人员位置的实时追踪，还可实现对建筑内人员密度的监控和疏散路线的优化。在安全控制方面，RFID 技术可与门禁系统、电梯控制系统结合，实现授权人员对特定区域或楼层的访问控制，防止未授权人员进入受控区域（restricted area）；建筑物资管理中，通过对建筑材料粘贴电子标签，可实时监控材料的运输、存储、使用和剩余数量，优化施工流程和资源配置，提高建筑施工的效率和管理水平。

（三）嵌入式系统技术

嵌入式系统技术是物联网节点层的核心支撑技术，它将计算机硬件和软件集成到特定的设备中，实现对物理设备的智能化控制、数据处理和通信功能。嵌入式系统具有体积小、功耗低、可靠性高、实时性强、成本低等特点，能够适应物联网节点在复杂环境下的运行需求，是实现物联网设备智能化和小型化的关键技术。

1. 嵌入式系统的定义与特点

嵌入式系统是以应用为中心，以计算机技术为基础，软硬件可裁剪，适用于应用系统对功能、可靠性、成本、体积、功耗有严格要求的专用计算机系统。其主要特点包括专用性强，为满足特定领域需求而设计，功能专一且性能稳定；软硬件紧密结合，软件往往固化在只读存储器中，无须像通用计算机那样频繁加载安装，使得系统启动速度快且运行稳定；实时性要求高，需在特定时间内完成对外部事件的响应与处理，以保障系统的实时控制和数据处理能力；资源受限，受设备体积和功耗限制，嵌入式系统的处理器、存储器及接口资源通常较为有限，因此需通过软硬件优化提升资源利用率。

2. 嵌入式系统在物联网节点中的功能

物联网节点是连接物理世界和网络世界的桥梁，而嵌入式系统是物联网节点的核心组成部分，承担着数据采集、本地数据处理、通信控制和设备控制等关键功能。在数据采集方面，嵌入式系统通过各类接口（SPI、I2C、UART 等）与传感器连接，接收传感器采集的原始数据，并对数据进行初步的过滤、校准和格式转换，确保数据的准确性和可用性。本地数据处理功能使嵌入式系统能够在数据上传至云端或中心服务器之前进行包括数据压缩、特征提取、异常检测等简单的分析和决策，减少数据传输量和网络带宽占用，提高系统响应速度和降低通信成本。通信控制功能负责管理物联网节点与其他设备或网络的通信过程，包括选择合适的通信协议（ZigBee、Wi-Fi、LoRa 等）建立和维护通信连接、数据加密和传输等，确保数据能够安全、可靠地传输到目标节点。此外，嵌入式系统还可根据处理结果对执行器（继电器、电机、阀门等）进行控制，实现对物理设备的智能化操作，包括调节室内温度、控制照明开关、启动报警装置等。

3. 智能建筑中嵌入式系统的典型应用

智能建筑中的各类智能设备几乎都依赖嵌入式系统实现其智能化功能。在建筑设备自动化系统中，空调控制器、照明控制器、新风控制器等设备内部均集成了嵌入式系统，这些系统根据传感器采集的温度、湿度、光照、CO_2 浓度等环境数据和预设的控制策略，自动调节设备的运行参数，实现能源的高效利用和室内环境的优化。智能门锁、门禁控制器、视频监控摄像头等安防设备采用嵌入式系统，通过处理读卡器、指纹识别器、图像传感器等输入设备的信号，完成身份验证、图像采集与处理、异常行为检测等功能，保障建筑的安全。在智能电梯系统中，嵌入式系统负责电梯的运行调度、楼层显示、故障检测和报警等功能，根据乘客的呼叫信号优化电梯运行路线，提高电梯运行效率，并在电梯发生故障时及时发出报警信号并采取安全措施。嵌入式系统还广泛应用于智能水表、电表、燃气表等计量设备中，实现数据的自动采集、存储和远程传输，为建筑的能源管理和计费提供准确的数据支持；在智能消防系统中，嵌入式系统用于控制火灾探测器、报警装置和灭火设备，实现火灾的早期检测和快速响应。

（四）通信协议标准

通信协议标准是物联网网络层的关键技术，它规定了物联网设备之间数据传输的格式、速率、时序、差错控制和安全机制等规则，确保不同厂商、不同类型的设备能够在同一网络中实现互联互通和数据交换。通信协议标准的统一和规范是物联网大规模应用的基础，直接影响物联网系统的兼容性、可靠性、安全性和扩展性。

1. 物联网通信协议的分类

根据通信距离和传输速率的不同，物联网通信协议可分为近距离通信协议和远距离通信协议两大类。近距离通信协议主要适用于设备间短距离（通常在几十米范围内）的数据传输，具有低功耗、低成本、组网灵活的特点，适用于如传感器网络、智能家居等场景；远距离通信协议则用于实现物联网节点与远距离（可达数千米甚至更远）服务器之间的数据传输，通常需要借助公共通信网络或专用无线网络，适用于如智能城市、环境监测的大规模物联网部署。若从协议的工作层次划分，物联网通信协议还可分为物理层协议、数据链路层协议、网络层协议和应用层协议，不同层次的协议协同工作，共同完成数据的封装、传输、路由和解析等过程，确保数据从源节点准确传输到目标节点。

2. 近距离通信协议

常见的近距离通信协议包括 ZigBee、Bluetooth、Wi-Fi 和 NFC 等。ZigBee 协议基于 IEEE 802.15.4 标准，具有低功耗、低数据速率（传输速率通常在 20～250 kbps）自组织网络能力强（支持星型、树型、mesh 等网络拓扑）的特点，适用于传感器网络、智能家居控制等对功耗和成本敏感的应用场景，在智能建筑中常用于连接各类传感器（温度传感器、湿度传感器、光照传感器）和执行器（智能开关、窗帘控制器），构建低速率、低功耗的无线传感网络。蓝牙（Bluetooth）协议，尤其是低功耗蓝牙（Bluetooth Low Energy，BLE），具有功耗低、传输距离适中（通常在10~100m）兼容性好的特点，广泛应用于智能手环、智能手表、智能家居控制设备等可穿戴设备和短距离通信场景，在智能建筑中可用于实现手机与智能家居设备的连接和控制。Wi-Fi 协议基于 IEEE 802.11 标准，数据传输速率高（可达数百 Mbps 甚至更高），覆盖范围较广（通常在几十米到上百米），适用于需要传输大量数据的设备，包括高清摄像头、智能显示屏、笔记本电脑等，但功耗相对较高，在智能建筑中常用于连接需要高速数据传输的设备，构建高速局域网。NFC 协议是一种短距离高频的无线电技术，传输距离通常不超过10cm，传输速率较低，主要用于近场支付、身份识别、数据共享等场景，在智能建筑中可用于门禁卡、电梯卡、停车场卡等近距离身份验证和支付应用。

3. 远距离通信协议

远距离通信协议主要包括 LoRa、NB-IoT 和 5G 等。LoRa 技术基于扩频调制技术，具有传输距离远（可达数千米~数十千米，具体取决于环境和天线增益）功耗低、抗干扰能力强、组网灵活的特点，适用于大规模物联网部署中智能表计（水表、电表、燃气表）环境监测（空气质量监测、水质监测）农业监测等需要远距离低速率数据传输的场景，在智能建筑中可用于连接建筑外围的环境监测设备或远程计量设备。NB-IoT（Narrow Band Internet of Things）是基于蜂窝网络的窄带物联网技术，具有广覆盖（比传统移动通信网络覆盖范围增加10倍以上）大连接（每小区可支持超过10万个连接）低功耗（电池寿命可达10年以上）低成本的优势，能够直接接入运营商的移动网络，无须自建基站，适用于对覆盖范围和连接数量要求较高的应用，包括智能城市、智能建筑的远程监控系统、智能停车。5G 技术作为新一代移动通信技术，具有高速率（峰值速率可达10 Gbps以上）、低时延（端到端时延可低至1ms）、大连接（每平方千米可支持100万个连接）的特点，能够满足物联网中对实时性、高带宽和海量连接要求较高的应用场景，包括智能建筑中的高清视频监控、虚拟现实（VR）/增强现实（AR）交互、远程控制等，为智能建筑的智能化升级提供了强大的网络支持。

4. 协议标准的兼容性与选择原则

在智能建筑物联网系统设计中，协议标准的兼容性和选择是确保系统稳定运行和高效集成的关键。不同协议之间的兼容性直接影响系统中不同设备和子系统之间的通信能力，选择协议时应优先考虑具有良好兼容性和广泛行业支持的标准协议，避免选择私有协议或小众协议，以减少不同设备之间的通信障碍和集成难度。协议的选择还需根据具体应用场景的需求，综合考虑传输距离、数据速率、功耗、成本、网络规模、安全性等因素：传感器节点之间的短距离低速率通信可选择 ZigBee 或 BLE 协议以降低功耗和成本；需要远距离传输数据且对功耗敏感的设备（如智能表计）可选择 LoRa 或 NB-IoT 协议；需要传输高清视频或实时数据的设备（如监控摄像头、VR 设备）则应选择 Wi-Fi 或 5G 协议以满足高带宽和低时延需求。协议的安全性同样需要考虑，选择支持数据加密、身份认证等安全机制的协议，确保数据传输过程中的信息安全，防止数据泄露和恶意攻击；协议的可扩展性也不容忽视，应选择能够适应未来系统升级和功能扩展的协议标准，以延长系统的生命周期和降低升级成本。

四、物联网技术在智能建筑中的典型应用

（一）建筑环境感知与监测

建筑环境感知与监测是物联网技术在智能建筑中实现环境智能化管理的基础环节，通过在建筑空间内部及周边部署各类传感器节点，实时采集温度、湿度、光照强度、空气质量等关键环境参数，为后续的智能调控提供数据支撑。这一过程需要解决传感器选型、网络部署和数据处理等多个问题，确保感知数据的准确性和实时性，满足建筑内人员对环境舒适度的需求，为建筑节能优化提供依据。

1. 环境参数感知节点部署

环境参数感知节点的部署需要结合建筑的功能分区、人员分布密度以及环境敏感区域特点，选择合适的传感器类型和安装位置。不同的环境参数对应不同的传感器技术，温度和湿度参数通常采用集成式温湿度传感器，这类传感器具有体积小、功耗低、响应速度快的特点，能够满足室内环境的实时监测需求；空气质量参数如 $PM_{2.5}$、甲醛浓度等则需要专用的气体传感器，部分高精度传感器还需配合采样装置以提高测量精度。感知节点的安装位置应覆盖建筑内的主要活动区域

如办公室、会议室、走廊等，在设备机房、空调出风口等环境易波动区域需增加节点密度，以确保监测数据的空间代表性。

（1）传感器类型选择

传感器类型的选择需综合考虑测量范围、精度要求、工作环境适应性和通信兼容性。在温度测量中，常用的数字式温度传感器 DS18B20 具有单总线接口，便于布线和集成；湿度测量中，电容式湿度传感器 SHT3x 系列具有高精度和长期稳定性，适合长期监测。光照强度监测通常采用光敏电阻或光电二极管传感器，其中光电二极管传感器的线性度更好，适用于需要精确控制照明的场景。在选择过程中，还需考虑传感器的功耗水平，优先选择低功耗传感器以延长电池使用寿命，确保传感器支持与物联网网关兼容的通信协议（ZigBee、LoRa 或 NB-IoT 等）以降低网络部署成本。

（2）感知节点网络架构

感知节点网络架构的设计直接影响数据传输的可靠性和系统的可扩展性。智能建筑中常用的网络架构有星形架构和 Mesh 架构。星形架构下，所有感知节点直接与中心网关通信，结构简单但节点覆盖范围有限，适合小型建筑或局部区域监测；Mesh 架构中，节点之间可通过多跳方式转发数据，抗干扰能力更强、覆盖范围更大，适合大型智能建筑的环境监测。通信协议的选择需结合网络规模和数据传输需求，ZigBee 协议适用于低速率、短距离的多节点网络，LoRa 协议适用于长距离、低功耗场景，可实现对建筑周边环境的远距离监测。

2. 数据实时采集与预处理

感知节点采集的原始数据往往包含噪声和异常值，需要通过实时预处理来提高数据质量。数据采集频率需根据环境参数的变化特性设定，温湿度参数的采集间隔可设置为 1~5min，空气质量参数如 $PM_{2.5}$则需 30s~1min 采集一次，以捕捉短期浓度波动。预处理过程主要包括数据滤波、异常值剔除和数据标准化。滤波算法可采用滑动平均滤波或卡尔曼滤波，有效减少传感器漂移和环境干扰带来的误差；异常值剔除通过设定合理的阈值范围，将超出物理意义的数据标记为异常并进行二次验证；数据标准化则将不同量纲的环境参数转换为统一的数值范围，便于后续的综合分析和多参数关联研究。

（二）设备互联互通与控制

设备互联互通与控制是物联网技术实现智能建筑设备协同运行的核心功能，通过构建统一的通信网络和控制平台，打破传统建筑中设备独立运行的信息孤岛，实现各类设备之间的信息交互和联动控制。这一过程需要解决设备通信协议标准化、控制策略优化等问题，以提高设备运行效率，降低管理成本，并为用户提供更加便捷的智能化控制体验。

1. 设备通信协议标准化

设备通信协议的标准化是实现互联互通的前提，不同厂商的建筑设备往往采用不同的通信接口和协议，物联网技术通过协议转换和统一接入，使各类设备能够接入同一管理平台。智能建筑中常用的物联网通信协议有 MQTT 协议、CoAP 协议和 Modbus 协议。MQTT 协议是基于发布/订阅模式的轻量级消息传输协议，具有低带宽占用和低功耗的特点，适合大量传感器和执行器的远程监控；CoAP 协议专为资源受限设备设计，采用 RESTful 架构，支持请求/响应模式，适用于简单控制命令的传输；Modbus 协议作为工业领域的常用串行通信协议，通过 TCP/IP 扩展后（Modbus TCP）广泛应用于空调系统、照明设备等大型机电设备的监控。协议标准化过程中，需建立统一的设备数据模型，定义设备的属性（运行状态、参数设置）、命令（启动、停止）和事件（故障报警），确保不同设备能够以一致的方式进行数据交换。

2. 集中控制与分布式控制相结合

智能建筑的设备控制采用集中控制与分布式控制相结合的方式，兼顾全局优化和局部实时响应。集中控制通过中央管理平台实现对建筑内所有设备的统一监控和调度，平台根据建筑的整体运行状态（如人员分布、环境需求、能源供应）制订优化控制策略，在用电高峰期自动降低非关键区域的空调负荷。分布式控制则通过边缘计算节点实现本地设备的自主控制，边缘节点直接连接本地传感器和执行器，能够快速响应局部环境变化，减少数据传输延迟。办公室的照明系统可通过本地光照传感器和人体感应传感器，在人员离开且光照充足时自动关闭灯光，无须依赖中央平台的指令。这种控制方式既保证了建筑设备运行的全局优化，又提高了系统的响应速度和可靠性。

（1）中央管理平台功能

中央管理平台是集中控制的核心，主要功能包括设备状态监测、控制指令下发、运行数据存储与分析。平台通过图形化界面实时显示各设备的运行参数（包括空调的设定温度、实际温度、运行模式）和状态（运行、停止、故障），管理人员可通过平台远程调整设备参数或手动控制设备启停。平台还具备历史数据存储功能，对设备的长期运行数据进行统计分析，生成能耗报表、故障诊断报告等，为设备维护和系统优化提供依据。中央管理平台支持与建筑信息模型（BIM）系统的集成，将设备的实时运行数据与建筑的三维模型相结合，实现设备的可视化管理和空间定位，便于管理人员直观掌握设备分布和运行状态。

（2）边缘节点控制逻辑

边缘节点的控制逻辑根据本地应用场景和设备特性预先编程，实现自主决策和执行。控制逻辑的设计基于本地传感器采集的数据，通过预设的规则或算法生成控制指令，智能空调的边缘节点即根据室内温度传感器采集的实时温度与设定温度的偏差，通过 PID 控制算法调整空调的压缩机频率和风速，使室内温度稳定在设定范围内。边缘节点支持控制逻辑的动态更新，管理人员可通过中央平台远程修改边缘节点的控制参数或规则，以适应不同的运行需求。边缘节点还具备一定的容错能力，当与中央平台的通信中断时，仍能独立完成基本的控制功能，确保设备的正常运行。

（三）能源消耗实时监控

能源消耗实时监控是物联网技术在智能建筑节能管理中的重要应用，通过对建筑各类用能设备的能耗数据进行实时采集、分析与优化，可实现能源的高效利用和成本降低。智能建筑的能源消耗涉及电力、水资源、燃气等多个方面，电力消耗占比最高，照明、空调、电梯、办公设备等系统均在其覆盖范围内。物联网技术通过构建能源监测网络，能够对能源消耗进行精细化管理。

1. 能源计量节点部署

能源计量节点的部署需覆盖建筑的主要用能环节，实现从总能耗到分项能耗，再到设备级能耗的多级计量。在建筑总进线处安装智能电表、水表和燃气表，采集建筑的总能耗数据；在各楼层或功能分区的配电总箱、供水总管处安装二级计量表，实现分区能耗计量；在中央空调主机、冷却塔、电梯、大型办公设备等重要用能设备处安装三级计量表，实现设备级能耗的单独计量。计量节点采用具备数据通信功能的智能计量仪表，支持实时数据上传，仪表的通信接口需与物联网网关兼容，可通过 RS485、LoRa、NB-IoT 等方式接入能源监测网络。计量节点的安装位置需便于读数和维护，避免电磁干扰等因素影响计量精度。

2. 能耗数据分析与异常检测

能耗数据分析是实现能源优化的关键，通过对实时采集的能耗数据进行多维度分析，识别能源消耗的规律和异常。基于历史能耗数据建立建筑的能耗基准模型，分析不同时间段（工作日与周末、高峰期与低谷期）的能耗特征，以及不同季节、天气条件下的能耗变化趋势。通过分项能耗分析，确定建筑的主要用能系统和高能耗设备，为节能改造提供目标。能耗异常检测通过将实时能耗数据与基准模型或正常阈值进行比对，及时发现设备故障导致的能耗突增、管道泄漏引起的水资源浪费等异常能耗事件。异常检测算法可采用阈值法，设定各计量节点的能耗上限和下限，超出范围则触发报警；也可采用机器学习算法，包括基于聚类的异常检测（*K*-means 算法）或基于深度学习的时间序列异常检测（LSTM 自编码器），提高异常识别的准确性。

（1）能耗模型构建方法

能耗模型的构建需综合考虑建筑的物理属性、用能设备特性和使用情况等因素。常用的能耗模型包括统计回归模型、物理机理模型和数据驱动模型。统计回归模型通过分析历史能耗数据与影响因素（室外温度、湿度、人员数量）的相关性，建立线性或非线性回归方程，适用于短期能耗预测和基准分析；物理机理模型基于能量守恒定律和传热学原理，模拟建筑的传热过程和设备的能耗特性，精度较高但建模复杂，适用于建筑设计阶段的能耗模拟；数据驱动模型利用机器学习算法（决策树、神经网络）从大量历史数据中学习能耗模式，无须深入了解建筑物理机理，适用于运行阶段的能耗预测和优化。实际应用中可结合多种模型的优点，构建混合能耗模型，提高模型的准确性和适应性。

(2) 异常检测算法应用

异常检测算法的应用需根据能耗数据的特点选择合适的方法。具有明显周期性的能耗数据，如照明系统的日能耗曲线，可采用时间序列分解法，将数据分解为趋势项、周期项和残差项，通过分析残差项的波动识别异常；设备级能耗数据则适合采用基于设备运行参数的关联分析，分析空调能耗与运行功率、运行时间的关联即可判断能耗是否偏离正常关联关系。边缘计算节点部署简单的阈值检测算法以实现实时本地报警；中央管理平台则运行复杂的机器学习算法，对全建筑能耗数据进行深度分析以识别潜在的长期能耗异常模式。异常检测结果需及时反馈给管理人员，亦可触发远程关闭故障设备、通知维修人员检修的自动响应措施。

（四）安全防范与应急响应

安全防范与应急响应是物联网技术保障智能建筑安全性的重要手段，部署多类型感知设备和构建联动响应机制可实现对建筑内安全事件的实时监测、快速识别和有效处置。智能建筑的安全防范涵盖入侵防范、消防监测、人员安全管理等内容，物联网技术通过整合各类安全传感器和执行设备，形成全方位的安全防护体系。

1. 多维度安全感知网络

多维度安全感知网络通过部署不同类型的传感器，实现对安全事件的全面感知。入侵防范方面，建筑周界部署红外对射传感器监测非法翻越，出入口安装门禁系统（RFID 卡片或生物识别）控制人员进出权限，重要房间部署振动传感器检测门窗异常开启。消防监测方面，建筑各区域安装烟感探测器、温感探测器和可燃气体探测器，烟感探测器监测烟雾浓度判断火灾初期阶段，温感探测器检测温度异常升高，可燃气体探测器用于厨房等区域的燃气泄漏监测。人员安全管理方面，通过定位传感器（UWB 定位标签）实现对建筑内人员的实时位置追踪，紧急情况下确定人员分布和疏散路径。

2. 应急响应联动机制

应急响应联动机制在安全事件发生时，协调各相关设备和系统进行协同响应。当安全感知网络检测到异常事件后，系统首先判断事件类型和严重程度，然后根据预设规则启动联动措施。火灾事件确认后，系统触发声光报警器通知人员疏散，关闭起火区域空调和通风设备防止火势扩散，启动排烟风机排除烟雾，切断非消防电源，打开应急照明和疏散指示标志，并将火灾信息发送至消防控制中心和管理人员。入侵事件发生时，系统联动视频监控系统切换入侵区域画面至监控中心，启动声光报警威慑入侵者，通知安保人员处置。

（1）异常事件识别算法

异常事件识别算法通过多传感器数据融合分析，减少误报和漏报。数据融合技术分为低层融合（数据级融合）、中层融合（特征级融合）和高层融合（决策级融合）。数据级融合直接处理各传感器原始数据，适用于传感器类型相同场景；特征级融合提取数据特征（火灾的烟雾浓度、温度变化率等），通过分类算法识别事件；决策级融合综合各传感器独立决策结果，通过贝叶斯决策理论计算综合报警概率。常用算法还包括基于规则的推理算法（根据专家经验设定规则）和基于机器学习的分类算法（支持向量机、神经网络等，通过训练样本学习事件特征）。

（2）联动控制逻辑设计

联动控制逻辑根据不同安全事件制订响应流程，明确设备动作时序和优先级。逻辑设计采用模块化结构，将不同事件类型（火灾、入侵等）的响应逻辑划分为独立模块，便于维护和扩展。采用状态机模型描述事件发展过程和设备状态转换，火灾事件的“预警”“确认”“处置”“结束”阶段中，每个阶段对应不同控制指令。联动控制逻辑考虑设备故障容错能力，某一设备故障时自动切换至备用设备或调整策略。支持用户自定义配置，管理人员可根据建筑实际情况调整响应规则和设备动作参数。

第三节　人工智能技术

一、人工智能技术的概念与分类

人工智能技术作为智能建筑设计与应用的核心支撑技术之一，其概念界定与分类体系是理解人工智能技术在建筑领域应用的基础。明确人工智能的定义、发展历程，区分不同类型人工智能的特征，梳理其主要技术分支，有助于更系统地探讨其在智能建筑设计中的具体应用路径。

（一）人工智能的定义与发展历程

人工智能的定义可从多个角度进行阐述。从学科角度看，人工智能是研究如何使计算机系统具备模拟人类智能行为能力的科学与技术，其研究内容涵盖智能的本质、实现方法及应用系统构建。从能力角度看，人工智能系统通常表现出感知环境、理解信息、自主决策和学习优化等特征，能够完成需要人类智力参与的复杂任务，包括问题求解、语言理解和图像识别。

人工智能的发展历程呈现出阶段性演进特征。20 世纪 40 年代~50 年代初是人工智能的萌芽阶段，这一时期计算机技术的初步发展为机器模拟人类思维提供了物质基础，数学家和逻辑学家开始探讨形式化推理与机器思维的可能性。1956 年达特茅斯会议的召开标志着人工智能作为一门独立学科正式形成，会议首次使用“人工智能”这一术语，明确了该学科的研究目标。20 世纪 60 年代~80 年代，人工智能进入初步发展期，专家系统的出现推动了人工智能从理论研究走向实际应用，在医疗诊断、化学分析等领域展现出实用价值。20 世纪 80 年代~90 年代，由于技术瓶颈和应用局限，人工智能发展进入低谷期，即“AI 寒冬”，研究资金和关注度大幅下降。21 世纪以来，随着大数据技术、计算能力的提升以及深度学习算法的突破，人工智能进入复苏与爆发期，在语音识别、图像分类、自然语言处理等领域实现突破性进展，逐步渗透到社会生产生活的各个领域。

（二）弱人工智能与强人工智能

根据智能水平和应用范围的不同，人工智能可分为弱人工智能和强人工智能两类，二者在技术特征和发展阶段上存在显著差异。

1. 弱人工智能的技术特征与应用范围

弱人工智能也称为窄人工智能，是指专注于特定领域或特定任务的人工智能系统。这类系统的核心特征是任务专一性，即只能在预设的特定领域内执行特定任务，其智能水平局限于该特定领域的知识和规则。弱人工智能系统的运行依赖于大量标注数据和特定算法模型，通过对数据的学习构建输入与输出之间的映射关系，从而实现预测、分类或决策等功能。目前，弱人工智能技术已在多个领域得到广泛应用，智能语音助手、图像识别系统、推荐算法等应用均属于在特定任务上模拟人类智能的范畴，不具备跨领域学习能力和自主意识。

2. 强人工智能的理论内涵与研究挑战

强人工智能也称为通用人工智能，是指具备与人类水平相当的通用智能的人工智能系统。其理论内涵涵盖自主意识、自我认知能力，能够理解和学习人类可完成的任何智力任务，并具备跨领域的问题解决能力与适应性。这类系统不仅能够执行预设任务，还能像人类一样进行思考、推理、创新，拥有情感和主观体验。目前强人工智能仍处于理论研究阶段，实现过程面临诸多挑战，包括构建通用学习框架、实现意识与自我认知机制、解决跨领域知识迁移等。这些挑战涉及神经科学、认知科学、哲学等多个学科的交叉融合，尚未形成成熟的技术路径。

（三）人工智能技术的主要分支

人工智能技术体系包含多个相互关联又相对独立的技术分支，这些分支从不同角度推动人工智能的发展和应用，主要涵盖机器学习、自然语言处理、计算机视觉和专家系统等。

1. 机器学习

机器学习是人工智能的核心分支之一，其核心思想是让计算机系统通过对数据的学习自动改进性能，而无须显式编程。机器学习的研究重点是设计能够从数据中提取规律、构建模型并进行预测或决策的算法。根据学习方式的不同，机器学习可分为监督学习、无监督学习和强化学习等类型。监督学习通过已标注的训练数据学习输入与输出之间的映射关系，常见算法包括线性回归、逻辑回归、支持向量机等；无监督学习则通过无标注数据发现数据内在的结构和规律，常见算法包括聚类分析、主成分分析等；强化学习通过与环境的交互，通过试错学习最优决策策略，其核心是最大化累积奖励，常见算法包括 *Q*-learning、深度强化学习等。

2. 自然语言处理

自然语言处理是研究计算机与人类语言交互的技术分支，其目标是使计算机能够理解、解释和生成人类语言。自然语言处理涉及语言学、计算机科学和数学等多个学科的知识，主要研究内容包括文本分析、语义理解、情感分析、机器翻译等。文本分析侧重于对文本数据的预处理和特征提取，具体涵盖分词、词性标注、命名实体识别；语义理解旨在理解文本的深层含义，包含句法分析、语义角色标注、知识图谱构建；情感分析通过对文本中的情感倾向进行识别和分类，判断文本表达的积极、消极或中性情感；机器翻译致力于实现不同自然语言之间的自动转换，从早期的基于规则的翻译发展到基于统计的翻译，再到当前主流的基于深度学习的神经机器翻译。

3. 计算机视觉

计算机视觉是使计算机能够“看懂”图像和视频的技术分支，其核心任务是从图像或视频数据中提取、分析和理解有效信息。计算机视觉的研究内容包括图像获取、预处理、特征提取、图像识别、目标检测、图像分割、视频分析等。图像获取通过摄像头等设备采集图像数据；预处理包括图像去噪、增强、几何校正等，以提高图像质量；特征提取从图像中提取具有代表性的特征，如边缘、纹理、颜色等；图像识别旨在识别人脸、车牌等图像中的物体类别；目标检测不仅要识别物体类别，还要确定物体在图像中的位置；图像分割将图像分割为不同的区域，每个区域对应一个语义对象；视频分析则对连续的视频帧进行处理，实现目标跟踪、行为识别等任务。

4. 专家系统

专家系统是一种基于知识的人工智能系统，其设计目标是模拟特定领域专家的决策过程，通过运用专家的知识和经验来解决复杂问题。专家系统通常由知识库、推理机、解释器和用户接口等部分组成。知识库用于存储领域专家的知识，涵盖事实性知识和规则性知识，知识的表示方式有产生式规则、框架、语义网络等；推理机是专家系统的核心，负责依据知识库中的知识和用户提供的事实进行推理，得出结论或解决问题，常见的推理方式包含正向推理、反向推理和混合推理；解释器用于向用户解释推理过程和结论的依据，提高系统的透明度和可信度；用户接口则是专家系统与用户进行交互的界面，用于接收用户输入的问题和事实，输出推理结果和解释。专家系统在医疗诊断、工程设计、故障诊断等领域具有重要的应用价值。

二、智能建筑设计中常用的人工智能算法

智能建筑设计中，人工智能算法通过对建筑全生命周期数据的分析与建模，实现设计优化、设备控制、能耗管理等核心功能。常用的人工智能算法包括监督学习算法、无监督学习算法、强化学习算法和深度学习模型，不同算法基于数据需求和学习机制，在智能建筑的不同设计环节发挥特定作用。

（一）监督学习算法

监督学习算法是智能建筑设计中应用最早且最成熟的人工智能算法类型之一。其核心特征是利用带有标签的训练数据，通过算法模型学习输入与输出之间的映射关系，进而实现对未知数据的预测或分类。在智能建筑设计中，监督学习算法主要用于具有明确目标变量的场景，包括建筑能耗预测、室内环境舒适度评估、设备故障诊断等，通过历史数据训练模型，为设计决策提供定量支持。

1. 回归分析算法

回归分析算法是监督学习中用于处理连续型输出变量的主要方法，通过构建输入特征与输出变量之间的函数关系模型，实现对目标变量的数值预测。在智能建筑设计中，回归分析算法广泛应用于能源系统优化、室内环境参数预测等场景，帮助设计人员提前评估不同设计方案的性能指标。

（1）线性回归

线性回归算法通过建立输入特征与输出变量之间的线性关系模型实现预测功能，在智能建筑的能耗预测中得到了广泛应用。该算法假设建筑的历史能耗数据与室外温度、使用时间、设备运行状态等影响因素存在线性关联，通过最小二乘法求解模型参数，从而实现对未来能耗的定量预测。在设计阶段，线性回归模型可根据初步设计参数预测建筑全年能耗，为节能设计方案的比选提供数据支持。

（2）逻辑回归

逻辑回归算法虽然名称中包含“回归”，但其实际用于处理二分类问题，通过 Sigmoid 函数将线性回归的输出映射到[0,1]区间，实现对事件发生概率的预测。智能建筑设计中，逻辑回归算法常用于设备故障预警，分析设备运行时的温度、振动、电流等特征数据可建立故障发生概率模型，进而在设计阶段确定设备监测点的布置方案，提高建筑运维阶段的故障响应效率。

2. 分类算法

分类算法是监督学习中用于处理离散型输出变量的方法，通过学习已知类别的样本数据构建分类模型，对新样本的类别进行判断。在智能建筑设计中，分类算法主要应用于空间功能分区、用户行为识别、安全事件分类等场景，帮助设计人员优化建筑空间布局和系统配置。

（1）决策树

决策树算法通过构建树状结构的分类模型，基于特征变量的取值对样本进行递归划分，最终确定样本类别。在智能建筑的空间功能分区设计中，决策树算法可根据不同区域的使用需求、人员流动特征、设备配置要求等因素，自动划分办公区、休息区、设备间等功能区域，提高空间设计的合理性和效率。

（2）支持向量机

支持向量机算法通过寻找最优分类超平面实现对不同类别样本的分离，在高维特征空间中具有良好的分类性能。在智能建筑的室内环境舒适度分类场景下，该算法可基于温度、湿度、光照、空气质量等多维度环境参数将舒适度划分为不同等级，帮助设计人员优化空调、照明等系统的设计参数，提升建筑的使用体验。

（二）无监督学习算法

无监督学习算法与监督学习算法的主要区别在于不需要依赖带有标签的训练数据，而是通过挖掘数据本身的内在结构和分布特征，实现对数据的聚类、降维或关联分析。在智能建筑设计中，无监督学习算法常用于处理未标记的传感器数据、用户行为数据，帮助设计人员发现潜在的规律和模式，为设计优化提供新的视角。

1. 聚类算法

聚类算法是无监督学习的核心方法之一，通过度量样本之间的相似度或距离，将具有相似特征的样本聚为一类，实现对数据的分组。在智能建筑设计中，聚类算法主要应用于用户行为模式识别、设备运行状态分类场景，通过对大量无标记数据的分析，提取典型模式指导设计。

（1）*K*-means 算法

K-means 算法是最常用的聚类算法之一，通过预先设定聚类数量 *K*，迭代优化聚类中心，使各类别内部样本的距离平方和最小。在智能建筑的用户行为分析中，*K*-means 算法可对用户的室内移动轨迹、设备使用时长、能源消耗习惯等数据进行聚类，识别出不同类型的用户群体及其行为特征，为个性化空间设计和能源管理策略制订提供依据。

（2）层次聚类算法

层次聚类算法通过构建样本的层次结构树实现聚类，无须预先设定聚类数量，可根据实际需求选择不同层次的聚类结果。在智能建筑的传感器网络部署设计中，层次聚类算法可对建筑空间内的温度、湿度、光照等环境参数采样点进行聚类，识别出环境特征相似的区域，优化传感器的布置位置和数量，降低系统成本、保证监测精度。

2. 降维算法

降维算法通过将高维数据映射到低维空间，在保留数据主要信息的前提下减少数据维度，降低后续分析和建模的复杂度。在智能建筑设计中，降维算法常用于处理多传感器采集的建筑能耗数据、环境监测数据等高维数据，为数据可视化和模型训练提供支持。

（1）主成分分析

主成分分析通过线性变换将原始高维数据转换为一组线性无关的主成分，其中前几个主成分包含数据的大部分方差信息。在智能建筑的能耗影响因素分析中，主成分分析可对建筑朝向、围护结构传热系数、设备功率、人员密度等影响能耗的多个因素进行降维，提取关键影响因素，简化能耗预测模型的输入变量，提高模型的解释性和计算效率。

（2）*t*-分布邻域嵌入

t-分布邻域嵌入是一种非线性降维算法，能够在低维空间中保持高维数据的局部结构特征，适用于处理非线性关系较强的数据。在智能建筑的空间环境舒适度评估中，*t*-分布邻域嵌入可将高维的环境参数数据映射到二维或三维空间，通过可视化方式展示不同区域的舒适度分布特征，帮助设计人员直观识别舒适度较差的区域并进行针对性优化。

（三）强化学习算法

强化学习算法通过智能体与环境的交互，基于奖励机制学习最优决策策略，其核心是解决“如何在环境中通过试错来学习动作序列，以最大化累积奖励”的问题。在智能建筑设计中，强化学习算法主要应用于动态系统控制、资源调度优化等场景，能够适应建筑系统的动态变化特性，实现实时优化决策。

1. 马尔可夫决策过程模型

马尔可夫决策过程是强化学习的理论基础，通过状态、动作、奖励、转移概率和折扣因子五个要素描述决策问题，假设未来状态仅依赖于当前状态和动作，满足马尔可夫性。在智能建筑的 HVAC 系统控制设计中，马尔可夫决策过程可将室内温度、湿度、设备运行状态等作为状态变量，将设备调节动作作为动作变量，将能耗与舒适度的综合评价作为奖励信号，构建系统控制的数学模型，为后续的策略学习提供框架。

2. *Q*-learning 算法

Q-learning 算法是一种无模型的强化学习方法，通过学习动作价值函数 $Q(s, a)$（表示在状态 s 下执行动作 a 的预期累积奖励）实现最优策略的求解。在智能建筑的照明系统动态控制设计中，*Q*-learning 算法可根据实时的光照强度、人员存在状态、时间等信息，通过与环境的交互不断更新 *Q* 值表，学习在不同状态下的最优照明亮度调节策略，在保证照明舒适度的前提下最小化能耗。

（四）深度学习模型

深度学习模型基于多层神经网络结构，通过对数据的逐层抽象和特征提取，实现对复杂非线性关系的建模，具有强大的拟合和泛化能力。在智能建筑设计中，深度学习模型常用于处理图像数据、时序数据这类复杂类型数据，在建筑图像识别、能源时序预测、系统故障诊断领域发挥重要作用。

1. 人工神经网络

人工神经网络是深度学习的基础结构，由输入层、隐藏层和输出层组成，通过模拟人脑神经元之间的连接关系实现信息处理。在智能建筑的结构健康监测设计中，人工神经网络可利用传感器采集的结构振动信号、应变数据等作为输入，通过多层神经元的非线性变换，建立结构损伤程度与监测数据之间的映射关系，实现对建筑结构健康状态的评估和预警。

2. 卷积神经网络

卷积神经网络通过卷积层、池化层和全连接层的组合，能够自动提取图像数据的局部特征和空间特征，在图像识别领域具有显著优势。在智能建筑的安防系统设计中，卷积神经网络可对监控摄像头采集的图像进行处理，实现人员识别、异常行为检测、火灾烟雾识别等功能，提高建筑安防系统的智能化水平和响应速度。

3. 循环神经网络

循环神经网络通过引入时间依赖关系，能够处理具有序列特征的时序数据，其隐藏层的输出不仅依赖于当前输入，还与上一时刻的隐藏状态相关。在智能建筑的能源消耗时序预测设计中，循环神经网络可利用历史的逐时或逐日能耗数据、气象数据、人员活动数据等序列信息，学习能耗随时间变化的规律，实现对未来一段时间内能源消耗的精准预测，为建筑能源系统的容量设计和调度优化提供支持。

三、人工智能技术在智能建筑设计中的应用框架

（一）数据采集与预处理模块

数据采集与预处理模块是人工智能技术在智能建筑设计中应用框架的基础环

节，主要功能是为后续的模型训练和决策支持提供高质量的数据输入。该模块通过系统化机制全面获取智能建筑设计所需各类数据，并借助专业处理技术提升数据可用性。

1. 多源数据采集机制

多源数据采集机制需要覆盖智能建筑设计全生命周期的关键数据维度，包括建筑环境数据、设备运行数据、用户行为数据以及设计规范数据等。建筑环境数据主要通过部署在建筑场地及周边的温湿度传感器、光照传感器、空气质量监测设备等传感器网络实时采集，用于反映场地的物理环境特征；设备运行数据来源于建筑设备的历史运行日志和实时监测系统，包含设备能耗、运行状态、故障记录等信息，为设备选型和系统优化提供依据；用户行为数据通过对建筑使用者的活动轨迹、功能需求偏好等信息的收集，实现设计方案与用户需求的精准匹配；设计规范数据则涵盖国家及行业的建筑设计标准、智能系统技术要求等文本数据，确保设计方案的合规性。数据采集方式需结合实时监测与离线导入，通过物联网技术实现传感器数据的实时传输，支持设计图纸、规范性文件等静态数据的批量导入。

2. 数据预处理关键技术

数据预处理关键技术是保障数据质量的核心环节，主要包括数据清洗、数据集成和数据转换三个方面。数据清洗旨在去除原始数据中的噪声和异常值，通过统计分析方法识别数据中的缺失值、离群点，并采用均值填充、插值法或基于机器学习的预测模型对缺失数据进行处理，确保数据的完整性和准确性；数据集成需要将来自不同数据源、不同格式的数据进行融合，将传感器采集的实时环境数据与建筑信息模型（BIM）中的静态结构数据进行关联，构建统一的数据存储结构，消除数据冗余和不一致性；数据转换则通过标准化、归一化等方法将不同量纲的数据转换为适合模型输入的格式，将能耗数据转换为无量纲的能效指标，将空间尺寸数据进行归一化处理，以便后续模型能够有效学习数据特征。通过上述预处理技术，数据的质量和可用性得到显著提升，为模型训练提供可靠的数据基础。

（二）模型训练与优化模块

模型训练与优化模块是由框架的核心执行层负责通过人工智能算法学习智能建筑设计的内在规律，构建能够支持设计决策的预测模型和优化模型，通过持续优化来提升模型性能。该模块的运行效果直接决定了框架的智能化水平和设计支持能力。

1. 核心算法模型构建

核心算法模型构建需进行智能建筑设计的具体任务需求选择合适的人工智能算法，形成多模型协同的技术体系。针对建筑能耗预测任务，可采用长短期记忆网络（LSTM）等深度神经网络模型，通过学习历史能耗数据与环境因素、用户行为的关联性，实现对建筑未来能耗的精准预测；对于建筑空间布局优化问题，可引入遗传算法、粒子群优化等进化算法，以空间利用率、功能分区合理性、交通流线效率等为优化目标，生成最优布局方案；在设备选型与配置方面，可采用决策树、随机森林等机器学习模型，基于设备性能参数、能耗指标、成本预算等特征，自动推荐符合设计要求的设备组合。针对复杂的多目标设计问题，还需构建混合模型，通过将神经网络的预测能力与进化算法的优化能力相结合，实现对设计方案的综合评估与优化。

2. 模型训练与验证方法

模型训练与验证方法是确保模型泛化能力和预测精度的关键流程。在模型训练阶段，需采用监督学习为主的训练方式，将预处理后的历史设计数据划分为训练集、验证集和测试集，其中训练集用于模型参数的学习，验证集用于训练过程中的超参数调整，测试集用于评估模型的最终性能。训练过程中，通过反向传播算法不断调整模型参数，最小化预测值与实际值之间的损失函数，常用的损失函数包括均方误差（MSE）交叉熵损失等。模型验证需采用交叉验证方法，典型方式为 k 折交叉验证，将数据集随机划分为 k 个子集，轮流将其中 $k-1$ 个子集作为训练集，剩余 1 个子集作为验证集，通过多次训练和验证的平均结果评估模型的稳定性，避免模型过拟合或欠拟合。对于用户行为模式聚类等无监督学习任务，通过轮廓系数、Calinski-Harabasz 指数等指标评估聚类效果，确保模型能够有效挖掘数据中的潜在规律。

3. 模型参数优化策略

模型参数优化策略旨在通过科学的方法调整模型超参数，提升模型的性能和运行效率。常用的参数优化方法包括网格搜索、随机搜索和贝叶斯优化。网格搜索通过穷举预设的超参数组合逐一评估模型性能，选择最优参数组合，适用于超参数数量较少的情况；随机搜索在超参数空间中随机采样进行评估，能够在有限的计算资源下快速找到较优参数，适合超参数数量较多的场景；贝叶斯优化基于贝叶斯定理，通过构建概率模型描述超参数与模型性能之间的关系，利用先验信息动态调整采样策略，高效寻找全局最优参数，是当前参数优化的主流方法。此外，可通过正则化技术（L1 正则化、L2 正则化）抑制模型过拟合，通过早停法（Early Stopping）在模型性能不再提升时终止训练，减少计算资源消耗。通过上述参数优化策略，模型的预测精度、收敛速度和泛化能力得到显著提升，为智能建筑设计提供更可靠的算法支持。

（三）决策支持与执行模块

决策支持与执行模块是连接人工智能模型与智能建筑设计实践的关键桥梁，该模块将模型训练与优化模块输出的分析结果转化为具体的设计决策方案，推动方案在设计过程中的落地执行，实现智能化设计从理论到实践的转化。

1. 设计决策支持机制

设计决策支持机制基于模型输出的预测结果和优化方案，为设计人员提供多维度的决策建议。该机制首先通过综合评估模型对不同设计方案的性能指标进行量化分析，包括能耗指标、舒适度指标、安全性指标和经济性指标，能耗指标通过建筑能耗预测模型计算得出，舒适度指标基于室内环境参数（温度、湿度、光照）的模拟结果评估，安全性指标结合结构安全分析模型和火灾风险评估模型确定，经济性指标综合考虑建设成本、运维成本和生命周期收益。基于量化分析结果，决策支持机制采用层次分析法（AHP）或 TOPSIS 法等多目标决策方法，对多个备选方案进行排序，输出最优设计方案建议，生成可视化的决策报告，直观展示各方案的优势与不足，辅助设计人员做出科学决策。该机制还支持交互式决策调整，设计人员可根据实际需求修改评估指标权重，系统实时更新决策结果，提高决策的灵活性和适应性。

2. 执行指令生成与传递

执行指令生成与传递功能负责将决策支持机制确定的最优设计方案转化为可执行的具体指令，并准确传递给相关的设计工具和施工系统。在指令生成阶段，系统根据设计方案的具体内容，自动提取关键设计参数，如建筑空间尺寸、设备选型参数、管线布局坐标、材料性能指标等，将这些参数转化为标准化的指令格式，包括符合 BIM 标准的数据接口格式、CAD 绘图指令代码、设备控制参数集等。对于建筑信息模型（BIM）系统，执行指令通过 API 接口直接写入模型数据库，实现设计方案在 BIM 模型中的自动更新；对于施工控制系统，指令则通过物联网通信协议包括 MQTT、Modbus 传递给施工设备，指导设备进行自动化施工操作。为确保指令传递的准确性，系统在指令发送前进行格式校验和逻辑校验，校验内容包括参数范围合理性、数据格式规范性、系统兼容性等，校验通过后才执行指令传递，避免因指令错误导致设计或施工偏差。

3. 多系统协同执行策略

多系统协同执行策略用于协调智能建筑设计过程中涉及的多个子系统，确保设计方案在各环节的一致性和高效执行。参与协同的子系统包括建筑信息模型（BIM）系统、设备管理系统、施工管理系统和能源管理系统等。协同执行策略通过构建统一的系统通信协议和数据交互标准，实现各子系统之间的实时数据共享和状态同步，BIM 系统将更新后的设计模型同步至设备管理系统，设备管理系统根据新模型调整设备配置方案，并将调整结果反馈给 BIM 系统进行一致性校验。在协同过程中，系统采用分布式控制架构，每个子系统作为独立节点负责自身领域的执行任务，通过中央协调模块接收全局指令和反馈局部执行状态。中央协调模块通过任务调度算法合理分配各子系统的工作任务，解决可能出现的资源冲突和任务重叠问题，当施工管理系统与设备安装系统在时间安排上存在冲突时，协调模块根据任务优先级重新调整施工顺序，确保整体设计进度不受影响。通过多系统协同执行策略，智能建筑设计过程的各环节实现无缝衔接，设计效率和方案落地性得到显著提升。

（四）反馈与迭代优化模块

反馈与迭代优化模块是保障应用框架持续进化的重要组成部分。该模块在收集设计方案实施后的实际效果数据和用户反馈信息并分析现有模型和决策机制不足的基础上，驱动框架动态调整和优化，不断提升智能建筑设计的质量和适应性。

1. 多维度反馈信息采集

多维度反馈信息采集需覆盖智能建筑设计方案实施后的全生命周期，以收集反映设计效果的各类数据和信息。运行性能数据作为反馈信息的核心，主要通过建筑设备自动化系统（BAS）能源管理系统（EMS）等实时监测建筑实际能耗、设备运行效率、室内环境参数（温度、湿度、$PM_{2.5}$浓度等），直接反映设计方案性能是否达到预期目标。用户体验反馈通过问卷调查、访谈或移动应用程序收集建筑使用者对空间舒适度、功能便利性、智能化服务满意度等主观评价，可弥补客观数据无法反映的人性化需求。设计过程反馈来自设计团队和施工团队，涵盖设计方案可实施性、设计工具易用性、各专业协同效率等方面意见，用于优化设计流程和工具支持。反馈信息采集采用自动与人工相结合的方式：运行性能数据通过传感器和系统接口自动获取，用户体验和设计过程反馈则通过标准化表单工具人工录入，以确保反馈信息的全面性和准确性。

2. 迭代优化算法设计

迭代优化算法设计基于采集到的反馈信息，构建模型性能评估与改进机制，实现应用框架的持续优化。首先，通过误差分析模型计算预测值与实际反馈数据之间的偏差，具体可将能耗预测模型的输出值与建筑实际能耗数据进行对比，计算绝对误差、相对误差等指标，识别模型预测的偏差程度和主要来源。针对偏差来源，采用针对性的优化方法调整模型，若偏差源于数据分布变化，则通过增量学习算法更新模型训练数据，使模型适应新的数据特征；若偏差源于模型结构缺陷，则通过模型重构技术调整网络层数、神经元数量或激活函数等结构参数。对于决策支持机制的优化，基于用户反馈和实际执行效果，重新校准多目标决策模型中的指标权重和评估标准，当用户对室内舒适度的满意度低于预期时，可增加舒适度指标在决策评估中的权重，引导模型生成更符合用户需求的设计方案。迭代优化算法还需设置优化终止条件，当模型预测误差低于预设阈值且用户满意度达到目标水平时，暂停优化过程，避免过度优化导致的资源浪费。

3. 应用框架动态更新机制

应用框架动态更新机制负责将迭代优化后的模型、算法和决策规则整合到现有框架中，实现框架功能的无缝升级。该机制采用模块化设计架构，将框架划分为数据采集模块、模型训练模块、决策支持模块等独立模块，每个模块的更新不会影响其他模块的正常运行。在更新过程中，系统首先在测试环境中部署优化后的模块，通过模拟测试和实际案例验证确保更新内容的稳定性和有效性，测试内容包括模块功能完整性、与其他模块的兼容性、数据处理效率等。测试通过后，采用灰度发布策略逐步将更新内容推广到生产环境，先在部分设计项目中应用更新后的框架，实时监控运行状态，待确认无异常后再全面推广。系统建立版本管理机制，记录每次更新的内容、时间和影响范围，当出现更新故障时，能够快速回滚到上一稳定版本，保障框架运行的可靠性。通过应用框架动态更新机制，人工智能技术在智能建筑设计中的应用能力能够持续适应设计需求的变化和技术的发展，保持框架的先进性和实用性。

第四节　元宇宙技术

一、元宇宙技术的内涵与特征

（一）元宇宙的定义与核心要素

1. 元宇宙的定义

元宇宙是一个由数字技术构建的具备持久存在性和实时交互性的三维“虚拟环境”。它并非孤立的数字环境，而是通过整合多种信息技术实现物理世界与虚拟世界的有机连接与协同演化。在智能建筑领域，元宇宙的定义更强调其作为建筑全生命周期管理的数字载体功能，即通过构建与物理建筑对应的虚拟孪生体，实现从设计、施工到运维的全过程数字化管理与优化。这种定义既包含了元宇宙的技术属性，也突出了其在建筑领域的应用价值，为智能建筑的数字化转型提供了新的思路和方法。

2. 元宇宙的核心要素

元宇宙的构建依赖多项核心技术要素的协同作用。技术架构要素是基础，包括支撑“虚拟环境”构建的三维建模技术、保障实时交互的网络传输技术以及实现数据处理与分析的计算技术，这些技术共同构成元宇宙运行的底层框架。交互体系要素是关键，涵盖用户与“虚拟环境”之间的视觉显示设备、动作捕捉系统等多模态交互接口，这些接口直接影响用户在“虚拟环境”中的体验质量。空间映射要素在智能建筑中尤为重要，通过数字孪生技术将物理建筑的几何信息、物理属性及运行状态精确映射到“虚拟环境”，确保“虚拟环境”与物理空间的一致性和同步性，为建筑的数字化管理提供可靠的数据基础。

（二）元宇宙的沉浸式体验特征

1. 多模态交互技术支撑

沉浸式体验的实现依赖多模态交互技术的融合应用。视觉上，高分辨率的虚拟现实头显和增强现实眼镜可构建具有深度感和立体感的虚拟视觉环境，使用户的视觉感知与“虚拟环境”高度融合。听觉上，空间音频技术通过模拟声音在不同空间环境中的传播特性，实现虚拟声源的定位与移动，使用户获得更强的听觉沉浸感。触觉上，力反馈设备和触觉传感器可传递虚拟物体的触感信息，使用户在与“虚拟环境”交互时获得触觉反馈。这些技术的协同为用户构建了多维度的感知环境，支撑元宇宙沉浸式体验的实现。

2. 用户体验的临场感构建

临场感是指用户在“虚拟环境”中产生的“在场”感，即用户主观上认为自己身处虚拟空间而非物理空间的程度。在智能建筑设计中，元宇宙的临场感构建让设计师和用户能在“虚拟环境”中对建筑方案进行实时漫游和交互评估——

通过调整虚拟建筑的采光参数观察室内光影变化，或通过模拟人流移动评估空间布局的合理性。这种基于临场感的交互方式提升了设计过程的直观性和效率，为用户参与建筑设计提供了更便捷的途径，使设计方案更符合实际使用需求，体现了沉浸式体验在智能建筑设计中的实践价值。

（三）元宇宙的虚实融合特性

1. 物理空间与“虚拟环境”的映射机制

元宇宙的虚实融合依赖物理空间向“虚拟环境”的精确映射。这一过程通过建筑信息模型技术与数字孪生技术的结合实现，利用建筑信息模型技术构建建筑的三维数字化模型，包含建筑的几何尺寸、材料属性、构件关系等静态信息，利用数字孪生技术整合建筑的实时运行数据，如设备状态、环境参数等动态信息，形成与物理建筑同步更新的虚拟孪生体。这种映射机制要求“虚拟环境”在几何形态、物理属性和运行状态上与物理空间精准对应，为智能建筑的全生命周期管理提供了可靠的数字载体，确保“虚拟环境”能真实反映物理建筑的实际情况。

2. 实时数据交互与协同更新

虚实融合的实现离不开物理空间与“虚拟环境”之间的实时数据交互。在智能建筑中，物理建筑部署的各类传感器持续采集环境数据和设备运行数据，并通过物联网技术传输至“虚拟环境”的数字孪生体中，实现“虚拟环境”对物理空间状态的实时感知。“虚拟环境”中的模拟分析结果和优化指令也可以反向传输至物理建筑的控制系统，指导设备调整和运营策略优化。当“虚拟环境”通过数据分析发现某区域空调负荷过高时，可自动向物理建筑的空调控制系统发送调整指令降低能耗。这种实时数据交互与协同更新机制，使元宇宙成为连接物理建筑与数字管理的桥梁，提升了智能建筑的运行效率和智能化水平。

二、元宇宙技术的关键技术支撑

（一）虚拟现实(VR)与增强现实(AR)技术

虚拟现实(VR)与增强现实(AR)技术是元宇宙构建沉浸式体验的核心支撑技

术。VR 技术通过创建完全虚拟的数字环境，使用户脱离物理世界限制，获得身临其境的感官体验；AR 技术则通过将虚拟信息叠加到真实环境中，实现虚拟与现实实时融合，拓展用户对物理空间的感知维度。两者结合应用，为元宇宙提供从完全虚拟到虚实融合的多样化交互场景基础。

1. VR 技术的核心构成要素

VR 技术的实现依赖于多个关键技术组件的协同作用。显示技术是 VR 体验的基础，头显设备中的 LCD 或 OLED 屏幕分辨率、刷新率和视场角直接影响用户的沉浸感，高屏幕分辨率能减少“纱门效应”，高刷新率则可降低眩晕感。追踪技术用于实时捕捉用户的头部运动和身体姿态，分为位置追踪和姿态追踪两类，主流技术有基于光学的外部追踪和基于传感器的 Inside-out 追踪，前者通过外部摄像头捕捉头显位置，后者依靠头显内置传感器实现自主定位，两种技术各有优势，共同确保用户在“虚拟环境”中的运动与视觉反馈保持同步。

2. AR 技术的关键技术支撑

AR 技术的核心在于实现虚拟信息与真实环境的精准叠加和实时交互。实时定位与地图构建技术构成 AR 的基石，通过摄像头、惯性测量单元等传感器采集环境数据，快速构建周围环境的三维地图并确定设备在空间中的位置，确保虚拟物体能够稳定地“放置”在真实环境中。虚实融合渲染算法作为核心环节，将虚拟物体与真实场景在光照、阴影、遮挡等方面进行一致性处理，使虚拟物体看起来与真实环境自然融合，避免出现视觉上的违和感，提升用户对 AR 内容的信任度和沉浸感。

（二）数字孪生与三维建模技术

数字孪生与三维建模技术是元宇宙构建“虚拟环境”实体的核心支撑。数字孪生技术对物理实体进行精准数字化映射，实现物理世界与“虚拟环境”的实时数据同步和双向交互；而三维建模技术专注于构建“虚拟环境”的几何形态、材质纹理与环境效果，为元宇宙打造可视化的空间载体。两者的协同作用，使元宇宙得以模拟物理世界，并在“虚拟环境”中对物理实体进行优化管理与创新设计。

1. 数字孪生技术的核心特性

数字孪生技术的核心在于构建物理实体与虚拟模型之间的紧密联系。数据同步机制是数字孪生的关键，通过传感器网络实时采集物理实体的运行状态数据——温度、压力、振动等，并将这些数据传输到虚拟模型中，使虚拟模型能够动态地反映对应物理实体的当前状态。双向交互能力则允许在虚拟模型中进行的分析、模拟和操作反作用于物理实体：通过虚拟模型优化物理设备的运行参数，再将优化结果应用到实际设备控制中，实现物理系统的智能化管理和性能提升。

2. 三维建模技术的实现方法

三维建模技术为元宇宙“虚拟环境”提供了多样化的构建手段。多边形建模是最常用的三维建模方法之一，通过构建由顶点、边和面组成的多边形网格来表示物体的几何形态，这种方法灵活性高，适用于构建建筑外观、人物角色等复杂的不规则物体。参数化建模则通过定义物体的几何参数和约束关系来创建模型，当参数发生变化时，模型会自动更新，适用于需要频繁修改或具有标准化结构的机械零件、建筑构件等物体。基于点云数据的逆向建模技术，通过激光扫描等方法获取物理实体的点云数据，再将点云数据转换为三维模型，能够快速构建高精度的物理实体数字化模型，为数字孪生与元宇宙的结合提供了数据基础。

（三）区块链与数字货币技术

区块链与数字货币技术为元宇宙提供了去中心化的信任机制和价值交换体系。区块链技术依托分布式账本、加密算法和共识机制，确保元宇宙中数据的不可篡改、透明可追溯和去中心化管理；数字货币作为元宇宙内的价值载体，实现虚拟资产的创建、交易和流转，构建起元宇宙的经济生态系统。两者的协同作用，构成了元宇宙实现开放、公平、可信运行的重要技术保障。

区块链技术的分布式账本结构使元宇宙中的数据存储在多个节点上，避免了单一中心节点故障导致的数据丢失或篡改风险，每个节点都拥有完整的账本副本，数据更新需要经过多数节点的共识验证，确保了数据的一致性和可靠性。智能合约是区块链上的自动化执行脚本，能够根据预设条件自动执行交易或协议，在元宇宙中，智能合约可用于实现虚拟资产的自动交易、数字身份的认证管理、版权的自动确权等功能，减少人工干预，提高元宇宙运行的效率和可信度。

（四）交互技术

交互技术是连接用户与元宇宙虚拟环境的桥梁，决定了用户在元宇宙中的参与方式和体验质量。交互技术通过捕捉用户的输入行为并将虚拟环境的反馈传递给用户，实现用户与虚拟环境之间的双向信息交流。随着技术的发展，交互技术正从传统的键盘、鼠标等设备向更自然、更直观的多模态交互方式演进，不断提升元宇宙的沉浸感和交互效率。

1. 输入交互技术

输入交互技术负责捕捉用户的操作意图，主要包括手势识别、眼动追踪和语音识别。手势识别技术通过摄像头或传感器捕捉用户的手部动作，将其转化为虚拟环境中的抓取、移动虚拟物体等指令，主流技术包括基于计算机视觉的手势识别和基于数据手套的传感器手势识别，前者无须接触设备，使用更自然，后者精度更高，适用于复杂操作场景。眼动追踪技术通过追踪用户眼球的运动轨迹，确定用户的注视点，在元宇宙中可用于实现视线交互，包括通过注视某个虚拟按钮实现选择操作，或根据用户的注视方向调整虚拟场景的渲染细节，以此提升交互的便捷性和真实感。

2. 输出反馈技术

输出反馈技术负责将虚拟环境的信息传递给用户，主要包括视觉反馈、听觉反馈和触觉反馈。视觉反馈是最主要的输出方式，通过头显、显示器等设备呈现虚拟环境的图像信息，高分辨率、高刷新率的显示技术能够提供清晰、流畅的视觉体验。听觉反馈技术通过立体声耳机或音响系统提供虚拟环境中的声音信息，空间音效技术能够模拟声音在不同方向和距离的传播效果，增强用户对“虚拟环境”的方位感知。触觉反馈技术则通过力反馈设备、振动电机等传递触觉信息，用户在虚拟环境中触摸物体时，设备会产生相应的力或振动，使用户获得触感体验，进一步提升元宇宙的沉浸感。

三、元宇宙与智能建筑设计的融合路径

（一）建筑设计的沉浸式可视化

元宇宙技术为建筑设计提供了沉浸式可视化的实现路径。这一路径的核心在于通过元宇宙平台整合建筑信息模型数据，构建与物理空间等比例的虚拟设计环境。设计师可借助虚拟现实或增强现实设备进入这一环境，直接感知建筑的空间尺度、光影变化和材料质感。在传统设计流程中，二维图纸和静态三维模型难以全面传递空间体验，而元宇宙的沉浸式可视化能够让设计师在虚拟环境中行走、停留，从不同视角观察建筑细节，包括墙体厚度对空间感受的影响、门窗位置对自然采光的作用。这种直观的体验有助于设计师更早发现设计方案中的空间冲突或功能缺陷，减少后续修改成本。沉浸式可视化环境还支持设计参数的实时调整，当设计师修改某个构件的尺寸或材质时，虚拟环境会即时更新对应的视觉效果，使设计优化过程更加高效。

（二）虚拟建筑空间的构建与交互

虚拟建筑空间的构建是元宇宙与智能建筑设计融合的基础环节。这一过程以建筑项目的核心数据为支撑，包括设计阶段的建筑信息模型数据、场地环境的地理信息数据以及用户需求的行为数据等。元宇宙平台通过数据整合技术将这些多源数据转化为结构化的“虚拟环境”模型，确保“虚拟环境”与物理建筑在几何形态、物理属性上保持高度一致。虚拟建筑空间的交互功能则依赖于动作捕捉、语音识别和触觉反馈等技术的集成。用户在“虚拟环境”中可通过手势控制实现对建筑构件的选择与操作，通过语音指令调整虚拟环境的光照条件或时间参数，甚至通过触觉设备感知不同材料的表面纹理。这种交互能力使得虚拟建筑空间不仅是设计成果的展示载体，更成为设计过程中的动态实验场，设计师可通过与“虚拟环境”的实时互动，测试不同设计策略的可行性——调整走廊宽度对人流效率的影响、改变立面开窗方式对室内温度的调节作用皆可在此过程中得到验证。

（三）用户参与式设计模式创新

元宇宙技术推动了建筑设计中用户参与式模式的创新。传统建筑设计流程中，用户通常在设计方案完成后通过图纸或模型进行反馈，参与阶段较晚且方式单一，导致设计成果可能与用户实际需求存在偏差。元宇宙平台为用户参与设计提供了全新途径，用户无须具备专业的设计知识，即可通过普通终端设备进入虚拟建筑空间，亲身体验未来建筑的使用场景。在虚拟环境中，用户可标记不符合使用习惯的空间布局，提出功能模块的调整建议，对室内装修风格进行个性化选择。元宇宙平台记录用户的所有反馈数据，将其转化为设计师可识别的需求指标。设计师根据这些指标对设计方案进行优化，将修改后的“虚拟环境”实时呈现给用户，形成“用户反馈-设计优化-再反馈”的闭环互动。这种参与式设计模式使建筑设计更加贴近用户真实需求，提升了设计成果的适用性和用户满意度。

（四）建筑全生命周期的元宇宙管理

元宇宙技术实现了建筑全生命周期的一体化管理。在设计阶段，元宇宙平台整合建筑信息模型数据、性能模拟数据和用户需求数据，构建动态更新的设计数据库，支持多专业设计师的协同工作，确保设计方案的系统性和完整性。进入施工阶段，元宇宙平台通过物联网设备实时采集施工现场的进度数据、质量数据和安全数据，并将这些数据与虚拟建筑模型进行比对，生成施工偏差分析报告。管理人员可在虚拟环境中查看施工进度的三维可视化展示，及时发现施工中的问题并调整施工计划。建筑投入使用后的运维阶段，元宇宙平台持续发挥作用，通过传感器网络收集建筑设备的运行状态数据、能耗数据和室内环境质量数据，在“虚拟环境”中构建设备运行的数字孪生体。当设备出现异常时，虚拟孪生体可模拟故障发生过程，帮助运维人员快速定位问题原因并制订维修方案。这种全生命周期的元宇宙管理模式实现了建筑数据的全程贯通，提高了各阶段工作的协同效率，降低了建筑全生命周期的管理成本。

四、元宇宙技术在智能建筑设计中的应用探索

（一）虚拟样板间与沉浸式展示

元宇宙技术为智能建筑设计中的虚拟样板间构建提供了全新的技术路径，通过整合三维建模、实时渲染与沉浸式交互技术，打破了传统实体样板间在空间、成本和展示形式上的限制。虚拟样板间能够以数字孪生的形式复现建筑的物理空间特征，使用户可以通过虚拟现实或增强现实设备进入虚拟环境，获得与真实空间接近的感知体验。

1. 虚拟样板间的技术架构

虚拟样板间的技术架构主要包括空间数据采集与建模层、实时渲染与交互层以及用户接入层。在空间数据采集与建模层，通过激光扫描、摄影测量等技术获取建筑实体的精确几何数据，结合建筑信息模型构建包含材质、光照、设备参数的三维数字模型。实时渲染与交互层依赖图形引擎实现高保真度的场景渲染，支持用户在“虚拟环境”中的自由移动、视角转换和物体交互。用户接入层通过VR头显、AR眼镜或移动设备等终端，将渲染后的虚拟场景以沉浸式方式呈现给用户，捕捉用户的动作指令以实现实时交互反馈。

2. 沉浸式展示的用户体验优化

沉浸式展示的核心目标是提升用户对建筑空间的感知深度和参与度，其用户体验优化主要体现在多感官交互设计和个性化场景调整两个方面。在多感官交互设计中，除了视觉上的高分辨率场景呈现，还可通过空间音频技术模拟不同区域的声音传播特性，室内外环境音、设备运行声音等都能被模拟，以增强环境的真实感。部分系统还集成了触觉反馈设备，使用户在虚拟触摸墙面、家具等物体时能感受到相应的质感和硬度。个性化场景调整功能允许用户根据自身需求修改虚拟样板间的内部元素，调整光照强度和色温、更换家具风格与布局、改变墙面材质与颜色等操作均可实现，系统会实时更新场景渲染效果，帮助用户直观理解不同设计方案的空间效果。平台会记录用户的停留时间、关注区域、操作偏好等交互行为数据，通过数据分析为设计师提供用户需求洞察，进一步优化样板间的设

计内容。

（二）协同设计平台的元宇宙化

传统智能建筑设计过程中，参与方的地域分布与专业背景存在差异，协同设计常面临信息传递滞后、沟通效率低下及设计冲突难以实时解决的问题。元宇宙技术通过构建共享的虚拟协同环境，将分散的设计主体聚集于同一数字空间，可实现设计过程的实时互动与深度协作，进而推动协同设计平台向元宇宙化转型。

1. 跨地域实时协同环境构建

跨地域实时协同环境的构建是协同设计平台元宇宙化的基础，其核心在于建立低延迟、高保真的虚拟共享空间。该空间基于云计算和边缘计算技术部署，支持多用户接入，每个用户通过数字分身代表自身参与设计活动。数字分身能够模拟用户的肢体动作、面部表情和语音信息，使用户在虚拟环境中实现面对面的交流效果。平台通过空间分区技术划分不同的设计讨论区域，用户可自由切换区域参与特定环节的协作。为确保设计数据的实时同步，平台采用分布式数据库架构，当某一用户对三维模型进行修改时，系统会立即将变更数据推送至其他用户的终端，并通过颜色标记、动态高亮等方式提示变更内容，避免多人操作导致的数据冲突。

2. 设计信息的集成与可视化

元宇宙化的协同设计平台能够打破传统设计软件间的数据壁垒，实现多源设计信息的集成与可视化呈现。平台支持将建筑信息模型、结构计算模型、设备管线模型等不同专业的设计数据导入虚拟环境，并通过语义关联技术建立各模型间的逻辑关系，形成完整的建筑数字资产。在可视化呈现方面，平台不仅能展示建筑的三维几何形态，还能将隐藏的设计信息通过动态标注、颜色映射、图表嵌入等方式直观呈现，在结构设计讨论中，工程师可触发结构受力模拟动画，使参与方能够清晰地看到不同荷载作用下建筑构件的应力分布情况；在设备管线设计中，系统可自动检测管线碰撞位置并以红色闪烁标识，辅助各专业工程师共同优化管线布局。此外，平台还支持设计过程的时间维度可视化，通过时间轴控件展示建筑从概念设计、初步设计到施工图设计的演化过程，帮助参与方理解设计决策的历史背景和逻辑依据。

(三) 建筑维护的虚拟仿真培训

智能建筑系统复杂、设备种类繁多，对维护人员的专业技能要求较高，传统基于现场观摩或手册学习的培训方式存在效率低、风险高、成本大等问题。元宇宙技术构建的虚拟仿真培训系统，能够模拟真实建筑维护场景中的各种操作环境和故障情况，为维护人员提供安全、可重复、沉浸式的技能训练平台，有效提升培训效果和维护工作的准确性。

1. 高风险维护场景的虚拟复现

高风险维护场景因操作环境危险，难以在真实场景中开展大规模培训。虚拟仿真培训系统通过三维建模和物理引擎技术，能够精确复现这些高风险场景的物理环境特征和潜在危险因素。在高层建筑外墙维护仿真中，系统可模拟不同风速、光照条件下的作业平台晃动效果，以及操作失误时的坠落风险提示；在高压设备检修仿真中，系统可模拟误操作引发的电弧放电、设备短路等视觉和听觉效果，并通过安全机制中止危险操作，避免培训人员遭受心理或生理伤害。维护人员在虚拟场景中可反复练习标准操作流程，熟悉设备的结构原理和故障处理步骤，直至形成肌肉记忆和条件反射，从而降低实际维护工作中的操作风险。

2. 维护技能的交互式训练系统

交互式训练系统是建筑维护虚拟仿真培训的核心模块，其通过智能算法根据培训目标和学员水平生成个性化训练任务，结合多模态交互设备实现技能的沉浸式训练。系统首先建立维护技能知识库，涵盖各类建筑设备的维护流程、故障诊断方法、工具使用规范，基于学员的初始测评结果推荐适合的训练课程。在训练过程中，学员通过数据手套、力反馈手柄等设备与虚拟工具和设备进行交互，感受工具的重量、操作阻力和设备的反馈力，使用扳手拆卸螺栓时，系统会根据螺栓的紧固程度模拟不同的旋转阻力。系统内置的智能评估模块会实时监测学员的操作步骤、动作规范性和任务完成时间，通过与标准流程比对生成评估报告，指出操作中的错误环节，提供改进建议。对于复杂的故障诊断任务，系统设置渐进式难度关卡，从简单故障逐步过渡到复杂故障，引导学员掌握从现象分析到原因定位再到解决方案制订的完整思维过程。

(四) 未来智能建筑的元宇宙社区构建

未来智能建筑不仅是提供居住和工作功能的物理空间，还将作为元宇宙社区的重要载体，通过物理空间与“虚拟环境”的深度融合，构建集生活、工作、社交、服务于一体的新型社区形态。元宇宙社区的构建需要解决物理与“虚拟环境”的映射机制、社区交互功能的场景化设计以及用户数字身份与权益管理等关键问题，实现线上线下资源的高效整合与协同运作。

1. 物理与“虚拟环境”的映射机制

物理与“虚拟环境”的映射是元宇宙社区构建的基础，其核心是通过数字孪生技术建立智能建筑的实时虚拟镜像，并实现两者之间的数据双向流动与状态同步。在静态映射层面，通过激光扫描、BIM 建模等技术将建筑的几何结构、内部装修、设备布局等物理特征精确复刻到“虚拟环境”中，形成与物理建筑一致的三维虚拟环境。在动态映射层面，在物理建筑中部署各类传感器，实时采集空间环境参数、设备运行状态、人员活动数据等信息，并通过物联网网络传输至“虚拟环境”的数字孪生模型，驱动虚拟环境中的对应元素做出同步变化，具体表现为当物理建筑中的某个房间温度升高时，“虚拟环境”中对应房间的温度仪表盘数值会实时更新，并通过颜色变化直观显示；当物理空间中的电梯运行至某一楼层时，“虚拟环境”中的电梯模型也会同步运行至相应位置。用户在“虚拟环境”中对某些参数的设置也可通过控制系统下发至物理建筑的设备，实现对物理环境的远程调控。

2. 社区交互功能的场景化设计

元宇宙社区的交互功能需要基于用户的实际需求进行场景化设计，打造贴近生活的虚拟活动空间，增强用户的参与感和归属感。共享办公场景下，虚拟社区可设置不同风格的虚拟会议室、协作工作区，用户通过数字分身进入后，可使用虚拟白板进行方案讨论、共享文件资料、开展远程会议，系统支持实时语音转文字、多语言翻译等功能，打破语言和地域的限制。社交娱乐场景中，社区可构建虚拟广场、文化活动中心、健身场馆等公共空间，定期举办虚拟音乐会、艺术展览、体育比赛等活动，用户的数字分身可与其他用户进行肢体互动、表情交流，甚至通过动作捕捉技术将现实中的舞蹈、健身动作映射到虚拟分身上，实现沉浸式的社交体验。智能服务场景里，社区集成虚拟管家系统，用户可通过语音或文字指令向虚拟管家咨询物业信息、预约维修服务、订购商品等，虚拟管家基于人工智能算法分析用户需求，联动物理社区的服务资源提供精准服务。社区还支持用户自定义“虚拟环境”，包括个人虚拟公寓的装修设计、个性化数字分身的形象定制，满足用户的个性化需求，增强社区的吸引力和黏性。

第五节 其他智能技术

一、云计算技术

云计算技术作为智能建筑设计基础应用技术的重要组成部分，整合计算资源、存储资源和网络资源，为智能建筑的高效运行和智能化管理提供底层技术支撑。其核心在于实现资源的按需分配和弹性扩展，满足智能建筑在数据处理、应用集成等方面的多样化需求。

（一）云计算的概念与服务模式

1. 云计算的概念

云计算是一种基于互联网的计算模式，它将计算任务分布在由大量计算机构成的资源池上，使各种应用系统能够根据需要获取计算力、存储空间和信息服务。在智能建筑领域，云计算技术打破了传统本地计算的资源限制，通过网络将分散的建筑智能化系统连接起来，形成统一的资源管理和服务平台。

2. 云计算的服务模式

根据服务层次和功能的不同，云计算的服务模式可分为基础设施即服务、平台即服务和软件即服务，这三种模式在智能建筑中分别对应不同的应用场景和需求。

（1）基础设施即服务（IaaS）

基础设施即服务是云计算服务的基础形态，主要提供虚拟化的计算资源、存储资源和网络资源。在智能建筑中，IaaS 可以为建筑设备监控系统、环境传感器网络提供稳定的运行环境，用户无须自行购置和维护服务器、存储设备等硬件，而是通过租用云端的虚拟资源来满足系统运行需求，这种模式能够显著降低智能建筑的初期建设成本和硬件维护压力。

（2）平台即服务（PaaS）

平台即服务在基础设施层之上，为开发者提供应用开发、测试和部署的平台环境，包括操作系统、数据库管理系统、开发工具和中间件等。在智能建筑设计过程中，PaaS 支持开发人员快速构建针对建筑特定功能的智能化应用，基于建筑能耗数据分析的优化平台或设备故障预警系统均属此类，开发者可以专注于应用功能的实现，无须关注底层平台的搭建和维护，缩短应用开发周期。

（3）软件即服务（SaaS）

软件即服务是直接面向用户的云计算服务模式，用户通过互联网访问云端的应用软件，无须在本地安装和维护软件。在智能建筑场景中，SaaS 表现为建筑能源管理软件、智能照明控制软件、安防监控管理软件等各类智能化管理软件，用户通过浏览器或专用客户端即可远程操作这些软件，实现对建筑运行状态的实时监控、数据分析和管理决策，提高智能建筑的管理效率和便捷性。

（二）云计算在智能建筑数据处理中的作用

智能建筑在运行过程中会产生海量数据，这些数据来自建筑设备运行参数、环境监测传感器、用户行为记录等，呈现数据量大、类型多样、实时性要求高等特点。云计算技术凭借其强大的数据存储和处理能力，成为智能建筑数据管理和分析的核心技术支撑。

1. 数据集中存储与管理

传统智能建筑的数据存储多采用本地服务器方式，存在存储容量有限、扩展性差、数据分散等问题。云计算通过分布式存储技术将这些分散的数据集中存储于云端数据中心，实现数据的统一管理和高效访问。云端存储具有海量的存储空间和弹性扩展能力，以动态调整存储资源的方式适应智能建筑数据增长需求，通过数据备份和容灾机制保障数据的安全性和可靠性，为智能建筑长期运行数据的保存和历史数据分析提供基础。

2. 分布式数据处理与分析

智能建筑数据不仅数量庞大，还包含结构化数据（如设备运行参数）半结构化数据（如系统日志）和非结构化数据（如视频监控画面）。云计算采用分布式计算框架，能够将复杂的数据处理任务分解为多个子任务，并分配到不同的计算节点进行并行处理，大幅提高数据处理效率。通过云计算平台提供的数据分析工具和算法模型，可对建筑数据进行深度挖掘，分析建筑能耗规律以优化能源分配、预测设备故障风险以提前进行维护、识别用户行为模式以改善建筑空间使用体验，为智能建筑的优化运行和科学决策提供数据支持。

3. 数据共享与协同

智能建筑由多个相互关联的子系统组成，包括建筑设备自动化系统、智能安防系统、火灾自动报警系统等，各系统之间的数据孤岛问题会影响智能化效果的整体发挥。云计算平台作为数据共享的中枢，能够打破系统间的壁垒，实现数据的互联互通和协同应用。安防系统的异常行为检测数据可实时共享给建筑设备自动化系统，触发照明系统的强光警示或门禁系统的锁定响应；环境监测系统采集的温湿度、空气质量数据可同步至空调控制系统，实现室内环境的动态调节，从而提升智能建筑整体的协同运行效率和智能化水平。

（三）云平台架构与智能建筑应用集成

云平台架构为云计算技术在智能建筑中的应用提供了基础框架，其设计的合理性直接影响智能建筑各系统的集成效果、运行性能与可扩展性。智能建筑云平台通常采用分层架构设计，并通过标准化接口与各类智能化应用无缝集成。

1. 云平台的分层架构

智能建筑云平台的分层架构自上而下涵盖基础设施层、平台层和应用层，各层不仅职责明确，还能相互协作，共同支撑起完整的云计算服务体系。

（1）基础设施层

基础设施层是云平台的物理基础，主要由服务器、存储设备、网络设备等硬件资源以及虚拟化软件组成。通过虚拟化技术，将物理硬件资源抽象为虚拟资源池，实现计算资源、存储资源和网络资源的动态分配和高效利用。在智能建筑中，基础设施层需要具备高可靠性和高可用性以保障建筑智能化系统的连续稳定运行，通过冗余设计和故障转移机制确保部分硬件出现故障时系统仍能正常工作。

（2）平台层

平台层位于基础设施层之上，提供面向应用开发和运行的支撑环境，包括数据库服务、中间件服务、数据分析服务、API 服务（应用程序编程接口服务）等。平台层为智能建筑应用开发提供标准化的工具和接口，简化开发流程，并实现数据的统一管理和处理。其中数据库服务可存储和管理智能建筑的各类结构化与非结构化数据，数据分析服务则提供数据挖掘和机器学习算法支持，帮助开发者构建具有智能决策功能的应用系统。

（3）应用层

应用层是云平台直接面向用户的一层，包含各类智能建筑应用系统，如建筑设备管理系统、能源管理系统、智能安防系统、智能照明系统等。这些应用系统基于平台层提供的服务进行开发和运行，通过云平台实现数据共享和功能协同。用户可以通过电脑、手机、平板等终端设备访问应用层，实现对智能建筑运行状态的实时监控、远程控制和管理决策，包括查看建筑能耗数据、调整空调运行参数、接收设备故障报警等。

2. 智能建筑应用集成方式

为实现智能建筑各应用系统与云平台的有效集成，需要采用标准化的集成方式，确保数据流通畅和功能协同。常见的集成方式包括基于 API 的接口集成、基于数据总线的消息集成和基于服务总线的服务集成。基于 API 的接口集成通过定义标准化的应用程序接口，使各应用系统能够与云平台进行数据交互和功能调用；基于数据总线的消息集成采用消息队列技术，实现各系统之间异步的数据传输和通信，提高系统的解耦性和灵活性；基于服务总线的服务集成则将各应用系统的功能封装为标准化服务，通过服务总线实现服务的注册、发现和调用，便于系统功能的复用和扩展。这些集成方式能够有效降低智能建筑系统间的耦合度，提高应用集成的灵活性和可扩展性，为智能建筑的智能化升级和功能扩展提供有力支持。

二、大数据技术

（一）大数据的特征与处理流程

智能建筑在运行过程中产生海量多维度数据，大数据技术正是实现其数据驱动决策的关键支撑，其独有的特征和系统的处理流程共同决定了数据价值的挖掘能力，而数据的有效管理和处理则依赖于对这些特征的准确把握以及规范的处理流程设计。

1. 大数据的核心特征

大数据的特征主要体现在五个方面，这些特征共同构成了大数据区别于传统数据的基本属性。容量是指数据规模的海量性，智能建筑中每日产生的数据量可达到TB级甚至PB级规模，涵盖设备运行参数、环境监测数据、用户行为记录等多种信息。速度强调数据产生和处理的实时性，智能建筑中的传感器数据、门禁系统记录等需要在秒级或毫秒级内完成采集与初步处理，以满足实时监控和快速响应的需求。多样性表现为数据类型的复杂性，包括结构化的表格数据（如设备能耗统计）非结构化的视频图像数据（如监控录像）以及半结构化的日志文件（如系统运行日志），不同类型的数据需要采用差异化的处理方法。真实性关注数据的准确性和可靠性，智能建筑数据可能受到传感器误差、传输干扰等因素影响，需要通过技术手段验证和修正数据质量。价值特征指大数据中蕴含的潜在应用价值，通过有效的分析方法可以从海量数据中提取出对建筑优化设计、能耗管理、安全保障等有价值的决策信息。

2. 大数据处理的基本流程

大数据处理流程是实现数据价值转化的系统性过程，包含多个紧密衔接的步骤。数据采集是流程的起点，通过部署在建筑各区域的传感器、智能设备、管理系统等，实时或定时收集各类原始数据，确保数据覆盖建筑运行的各个环节。数据存储是对采集数据的保存环节，需根据数据类型和规模选择合适的存储技术，关系型数据库适用于结构化数据，分布式文件系统适用于非结构化数据，以保障数据的安全存储和高效访问。数据清洗与预处理是提升数据质量的关键步骤，主要包括去除重复数据、修复缺失值、处理异常数据等操作，减少噪声对后续分析结果的干扰。数据分析是核心环节，运用统计分析、机器学习、数据挖掘等方法对预处理后的数据进行深入分析，识别数据中的规律、趋势和关联关系，为建筑性能优化提供依据。数据可视化与应用是将分析结果以图表、报表等直观形式呈现给用户，并将分析结论应用于建筑管理决策中，实现从数据到行动的转化。

（二）智能建筑中的数据来源与类型

智能建筑作为多系统协同运行的复杂综合体，其数据来源广泛、类型多样，全面梳理这些数据不仅是构建数据管理体系的基础，更是实现大数据分析应用的前提。

1. 主要数据来源

智能建筑的数据来源分布在建筑运行的多个层面，涵盖系统、设备、用户和环境等维度。建筑设备系统是核心数据来源之一，包括暖通空调系统、照明系统、电梯系统、给排水系统、供配电系统等，这些系统在运行过程中持续产生设备运行参数（温度设定值、电机转速）、能耗数据（用电量、用水量）、故障记录（报警信息、停机时间）等。环境感知传感器是获取实时环境数据的关键，分布在建筑内部和周边的温湿度传感器、光照传感器、CO_2浓度传感器、$PM_{2.5}$传感器、噪声传感器等，能够实时监测建筑内外的环境状况。用户行为记录也是重要数据来源，通过门禁系统、电梯刷卡记录、室内定位系统、办公设备使用记录等，可获取用户的出入信息、活动轨迹、停留时间、空间使用偏好等数据，反映用户对建筑空间的实际使用情况。外部环境数据主要包括气象数据（室外温度、湿度、降水量、风速）城市电网数据（电价信息、供电稳定性）周边交通数据等，这些数据虽不直接产生于建筑内部，但对建筑的能耗分析、环境控制、交通组织等具有重要影响，通常通过外部数据接口或公共数据库获取。

2. 数据类型划分

根据数据的结构和组织形式，智能建筑中的数据可划分为结构化数据、非结构化数据和半结构化数据三类，不同类型数据具有不同的特点和处理需求。结构化数据是指具有固定格式和明确数据类型的数据，通常以表格形式存储，设备的运行时间、能耗数值、传感器的温度读数、用户的门禁记录时间等都属于此类，这类数据便于使用传统的关系型数据库进行管理和查询，支持SQL等结构化查询语言操作。非结构化数据是指没有固定格式或结构的数据，视频监控录像、音频文件（如广播系统录音）、图像数据（如火灾报警系统图像）、文本日志（如系统错误报告）等都属于此类，这类数据通常具有较大的存储容量和复杂的内容，需要采用分布式存储、搜索引擎等专门的技术进行处理和分析。半结构化数据介于结构化数据和非结构化数据之间，具有一定的结构但不够严格，XML文件、JSON格式数据、传感器产生的时序数据流（包含时间戳和数值但格式灵活）等都属于此类，这类数据需要结合结构化数据的查询方法和非结构化数据的处理技术进行管理，常用键值对、标记语言等方式进行组织。

（三）大数据分析在建筑性能优化中的应用

大数据分析技术为智能建筑性能优化提供了数据驱动的解决方案，通过对海量数据的深度挖掘和分析，建筑能耗、空间利用、设备维护等关键性能指标得以精准优化，进而提升建筑的整体运行效率和使用体验。

1. 能耗优化

能耗优化是大数据分析在智能建筑中应用的核心领域之一，通过对建筑能耗数据的多维度分析可以识别能耗浪费环节并制订针对性优化策略。基于历史能耗数据（如过去一年的逐月用电量）和实时能耗监测数据（如当前空调系统的功率消耗），结合环境因素（如室外温度、光照强度）和用户行为（如人员密度、设备使用习惯）等变量，运用回归分析、时间序列分析等统计方法或神经网络、决策树等机器学习模型，可以建立建筑能耗预测模型，准确预测不同时间段（如工作日与周末、高峰期与低谷期）的能耗需求。根据能耗预测结果，对暖通空调、照明、电梯等高能耗系统进行动态调控，在非工作时段自动降低空调温度设定值、关闭无人区域的照明设备、优化电梯运行调度方案，实现按需供能，从而降低建筑的总能耗。通过对不同楼层、不同功能区域（如办公区、会议室、公共区域）的能耗数据进行对比分析，可以识别出高能耗区域和低效运行设备，为设备升级改造（如更换节能灯具、加装变频装置）和系统优化设计（如调整空调分区）提供数据支持。

2. 空间利用效率提升

大数据分析可以帮助优化智能建筑的空间布局和使用方式，提高空间资源的利用效率。通过分析用户行为数据，如不同区域的人员密度（通过红外传感器或摄像头分析获取）、停留时间（通过门禁记录和室内定位数据统计）和活动频率（会议室的使用次数）等，可以识别出空间使用的热点区域（高频使用的会议室）和冷点区域（长期闲置的办公空间）。对于热点区域，可通过优化空间布局（增加座位数量、改善通风采光）、增加设施配置（增设电源插座、提升网络带宽）等方式提升其承载能力和使用舒适度；对于冷点区域，则可考虑调整功能定位（将闲置办公区改造为共享协作空间）或进行空间重组（合并小型会议室为大型多功能厅）等，避免空间资源的浪费。此外，结合室内定位数据和用户预约系统数据，可实现会议室、共享办公位、停车场等公共空间的智能调度，根据实时需求动态分配空间资源，减少用户等待时间和空间闲置率，进一步提升空间的整体利用效率。

3. 设备维护与故障预测

大数据分析在建筑设备维护与故障预测方面的应用，可以有效提高设备的可靠性和使用寿命，降低维护成本和故障风险。通过对暖通空调设备的温度、压力、振动、电流等运行参数及电梯的运行速度、停靠次数、门机状态等设备运行数据的实时监测和历史数据分析，运用统计过程控制、异常检测算法等方法，可以建立设备健康状态评估模型，实时评估设备的运行状况是否正常。当监测数据出现电机温度超过阈值、振动频率异常等偏离正常范围的情况时，系统可以及时发出预警信号，提示维护人员进行检查和维修，避免小故障演变为大故障。基于设备故障发生时间、故障类型、故障原因等故障历史数据和运行参数数据，运用逻辑回归、支持向量机等机器学习算法构建故障预测模型，可预测设备可能发生故障的时间和类型，包括轴承磨损、电路故障，实现预防性维护。通过提前安排维护计划、更换即将失效的部件等做法减少突发故障对建筑运行的影响，如空调停机导致室内环境的恶化等，提高设备维护的主动性和有效性，降低维护成本和停机损失。

三、区块链技术

（一）区块链的核心技术与特点

区块链技术作为一种基于分布式数据存储、密码学、共识机制等多种技术融合的分布式账本系统，核心技术构成与主要技术特点共同塑造的特性，赋予其在智能建筑领域的应用潜力。

1. 核心技术构成

分布式账本技术是区块链的基础架构，它采用去中心化的方式将数据存储在网络中的多个节点上，每个节点都拥有完整的账本副本。这种存储方式使得数据不会因单个节点的故障而丢失，所有节点通过共识机制保持数据的一致性，确保账本信息的准确性和完整性。

共识机制是解决分布式系统中各节点如何达成数据一致的关键技术。常见的共识机制包括工作量证明、权益证明、委托权益证明等，不同的共识机制在安全性、效率和资源消耗等方面各具特点，适用于不同的应用场景。通过共识机制，区块链网络能够在没有中央权威机构的情况下，实现对交易或数据记录的集体验证和确认。

非对称加密算法为区块链数据提供了安全保障，它通过公钥和私钥的配对使用实现数据的加密和解密。公钥可以公开给其他节点用于加密信息，私钥则由用户自行保管用于解密信息，确保了数据在传输和存储过程中的机密性和完整性，防止未授权访问和数据篡改。

智能合约是运行在区块链上的自动化执行脚本，以代码形式定义交易双方的权利和义务。当满足预设触发条件时，智能合约自动执行相应操作，无须人工干预。智能合约的引入使区块链技术从简单的价值传输扩展到更复杂的业务逻辑自动化，提升了系统运行效率和可靠性。

2. 主要技术特点

（1）去中心化

去中心化是区块链最显著的特点之一，它意味着区块链网络中不存在中央控制节点，所有节点地位平等，共同参与网络的维护和管理。这种架构避免了因中央节点故障或被攻击而导致整个系统瘫痪的风险，也减少了单点腐败和数据操纵的可能性。

（2）透明可追溯性

透明可追溯性体现在区块链中的所有交易和数据记录都被公开存储在账本上，并且每个记录都带有时间戳和参与者信息，网络中的任何节点都可以查看这些记录，实现了数据的公开透明。数据按照时间顺序链式存储，每个记录都与前一个记录相关联，形成了不可逆转的轨迹，使得数据的历史来源和流转过程可以被完整追溯。

（3）不可篡改性

不可篡改性由区块链的技术架构和密码学算法共同保障。数据一旦被记录到区块链上，对其进行篡改需修改网络中超过半数节点的账本，而在去中心化的大型网络中，这类操作成本极高且几乎无法实现。这一特性有助于确保区块链数据的真实性和可信度，为数据存证和交易记录提供可靠技术支撑。

（二）区块链在智能建筑供应链管理中的应用

智能建筑供应链涉及设计、材料采购、施工、物流等多个环节，参与方包括业主、设计单位、施工企业、供应商等，存在信息不对称、流程复杂、协作效率低等问题。区块链技术的引入为解决这些问题提供了新的思路和方法，能够实现供应链管理的透明化、高效化和可信化。

1. 供应链信息协同管理

在智能建筑供应链中，各参与方需要及时获取和共享设计图纸、材料规格、施工进度等关键信息。区块链技术可以构建一个去中心化的信息共享平台，将各参与方接入同一网络，所有信息在经过验证后被记录到区块链上。区块链的透明性和可追溯性让各参与方都能实时查看最新的信息，避免了因信息传递延迟或不准确而导致的设计变更频繁、施工返工等问题，提升了供应链的整体协同效率。

智能合约技术可以与供应链流程相结合，实现流程的自动化执行，在材料采购环节，当供应商按照合同要求将材料送达指定地点并通过验收后，智能合约能够自动触发付款流程，将款项从采购方账户转移到供应商账户。这种自动化执行减少了人工审核的环节，降低了人为错误的发生概率，缩短了交易周期，提高了供应链的资金流转效率。

2. 材料溯源与质量管控

智能建筑对材料的质量和安全性有严格要求，区块链技术可以实现材料全生命周期的数据记录。从材料的生产环节开始，原材料的来源、生产工艺、质量检测报告，到运输过程中的物流信息、存储条件，再到施工过程中的使用情况和安装记录，都可以被实时采集并记录到区块链上。这些数据形成了材料的完整溯源档案，为材料质量的把控提供了可靠依据。

当建筑材料出现质量问题时，通过区块链的可追溯性可以快速定位问题发生的环节和责任方。区块链上的记录不可篡改，确保了责任认定的准确性和公正性，避免了因信息不透明而导致的责任推诿现象。这种溯源机制还对材料供应商和施工企业形成约束，促使其加强质量管理，提升智能建筑的整体质量水平。

3. 多方信任机制构建

在传统的智能建筑供应链中，各参与方之间缺乏有效的信任机制，常需第三方中介机构进行信息验证与交易担保，由此增加了交易成本和时间成本。区块链技术的去中心化和不可篡改性支持参与方直接开展信息交互与交易，无须依赖中介机构。各参与方基于区块链上的可信数据建立信任关系，能够减少信息不对称带来的风险，降低供应链的信任成本。

区块链技术能够简化供应链中的交易流程，提高交易效率。通过区块链平台，交易信息可以实时传输和验证，合同的签订和执行过程更加透明和高效。工程分包合同执行中，业主、总包方和分包方通过区块链实时共享施工进度和验收结果，智能合约根据预设条件自动支付工程款，避免传统流程中因信息沟通不畅导致的付款延迟问题，加快供应链的资金周转速度。

（三）建筑数据安全与可信存证

智能建筑在运行过程中会产生设计数据、施工数据、设备运行数据、用户行为数据等大量数据，这些数据涉及建筑的安全、隐私和运营效率，安全性和可信性至关重要。区块链技术凭借独特的技术特性，在建筑数据安全保障和可信存证方面发挥重要作用。

1. 数据安全保障机制

区块链采用分布式存储方式，将建筑数据分散存储在网络中的多个节点上，每个节点都保存着完整的数据副本。这种存储架构使得数据不会因单个节点的损坏、攻击或故障而丢失，大大提高了数据的抗风险能力。部分节点受到攻击时，其他节点仍然能够正常提供数据服务，确保建筑数据的连续性和可用性。

在数据传输过程中，区块链利用非对称加密算法对数据进行加密处理。发送方使用接收方的公钥对数据进行加密，接收方只有使用自己的私钥才能解密数据，这种加密方式确保了数据在传输过程中不会被未授权的第三方拦截和窃取。区块链还通过哈希算法对数据进行摘要处理，生成唯一的哈希值，任何对数据的微小修改都会导致哈希值的变化，从而可以及时发现数据是否被篡改。

2. 可信存证技术实现

时间戳技术是区块链实现可信存证的重要手段之一，当建筑数据被记录到区块链上时，系统会自动为每条数据添加一个精确的时间戳，该时间戳无法被篡改，能够准确反映数据的生成时间。哈希值则是数据的唯一数字指纹，通过将数据和时间戳一起计算哈希值并记录到区块链上，可以确保数据的完整性和时间有效性。智能建筑的设计图纸完成后通过区块链存证时，时间戳和哈希值即能证明图纸的创作时间与原始内容。

存证在区块链上的建筑数据可通过哈希比对实现不可篡改验证。验证方只需将待验证数据计算哈希值，再与区块链上存储的对应哈希值比对，两者一致即数据未被篡改，不一致则可能已被修改。该验证方式简单高效，无须访问原始数据即可确认真实性，为建筑数据的审计、追溯和法律取证提供了可靠的技术支持。

3. 数据共享与隐私保护

在智能建筑数据共享过程中，不同的参与方可能需要访问不同类型的数据，区块链可以通过权限分级管理机制实现数据的精细化访问控制。系统管理员可以根据参与方的身份和需求，为其分配不同的访问权限，业主可访问建筑的整体运营数据，设备维护人员则仅能访问与其负责设备相关的运行数据。权限分级管理确保了数据在共享过程中的安全性，防止敏感数据被未授权访问。

为了实现数据共享并保护用户隐私，区块链技术可以与隐私计算技术相结合。隐私计算技术允许在不泄露原始数据的情况下对数据进行分析和计算，联邦学习技术便支持不同节点在本地训练数据，仅将模型参数上传至区块链聚合，以此实现数据的“可用不可见”。这种技术结合方式既满足了智能建筑对数据共享和分析的需求，又保护了用户的隐私信息，推动了建筑数据的合规化应用。

四、边缘计算技术

（一）边缘计算的定义与优势

边缘计算是一种分布式计算范式，其核心特征是将数据处理、存储和应用程序部署在靠近数据源或用户的“边缘节点”，这些节点通常位于网络边缘，如智能建筑中的传感器、控制器、本地服务器等。与传统的集中式云计算不同，边缘计算强调在数据产生的本地完成大部分处理任务，仅将必要的结果或摘要数据上传至云端进行进一步分析或存储。这种架构设计让数据处理更贴近实际应用场景，更好地满足实时性、可靠性和安全性的需求。

边缘计算的首要优势是低延迟。在智能建筑环境中，大量设备和系统需要实时响应，电梯运行控制、门禁系统验证、环境参数调节等应用对响应时间的要求通常在毫秒级。边缘计算通过将计算资源部署在本地，避免了数据传输到远程云端的网络延迟，显著缩短了数据处理的端到端时间，确保了实时响应的准确性和及时性。

另一个重要优势是带宽优化。智能建筑中部署了大量的传感器、执行器和智能设备，这些设备在运行过程中会产生海量数据，包括视频监控画面、环境监测数据、设备运行状态信息等。如果将所有数据都上传至云端处理，会对核心网络带宽造成巨大压力，甚至可能导致网络拥堵。边缘计算通过在本地对数据进行筛选、预处理和聚合，只将关键数据或分析结果上传至云端，有效减少了需要传输的数据量，降低了对网络带宽的需求，也减轻了云端服务器的负载。

数据隐私与安全保障也是边缘计算的显著优势。智能建筑中的部分数据涉及用户隐私或建筑运营敏感信息，如人员活动轨迹、室内环境设置偏好等。若将这些数据直接上传至云端，可能面临数据泄露或被篡改的风险。边缘计算将数据处理过程限制在本地边缘节点，减少了敏感数据在网络中的传输环节，降低了数据暴露的可能性。本地处理还使得数据的访问和管理更加可控，便于实施针对性的安全防护措施，提升了整体数据安全水平。

（二）边缘计算与云计算的协同架构

边缘计算与云计算的本质并非相互替代，而是互补协同。以智能建筑系统而言，边缘计算承担实时性要求高、数据量庞大但处理复杂度较低的本地任务，云计算则承担大规模数据存储、深度数据分析、全局优化决策等需要强大计算资源支持的任务。二者的协同充分发挥两者优势，构建高效、灵活且可靠的智能建筑计算体系。

1. 协同架构的基本组成

边缘计算与云计算的协同架构主要由三个层级构成。边缘层是架构的基础层级，由分布在智能建筑各个区域的边缘节点组成，如各类传感器、智能控制器、边缘网关、本地服务器。这些节点具备数据采集、本地计算、实时决策和短距离通信的能力，是数据产生和初步处理的场所。云层是架构的核心层级，由远程云数据中心和云计算平台组成，提供海量数据存储、高性能计算、复杂算法分析和全局资源调度。网络层是连接边缘层和云层的桥梁，负责实现边缘节点与云端之间的数据传输和指令交互，包括有线网络和无线网络。

2. 数据交互与任务分配机制

在协同架构中，数据交互和任务分配是实现高效协同的关键。数据交互采用“本地处理-按需上传”的模式，边缘节点首先对采集到的数据进行本地处理，提取关键特征或生成初步结果，需要长期存储、深度分析或全局共享的数据通过网络层上传至云端；云端在完成相关处理后，将分析结果或控制指令下发至边缘节点，指导本地设备的运行。任务分配则基于任务的特性进行动态调整，实时性要求高、数据处理简单的任务（如设备状态实时监控、即时控制指令执行）分配给边缘层处理；实时性要求较低、数据处理复杂或需要全局优化的任务（如建筑能耗长期趋势分析、多区域协同管理策略的制订）分配给云层处理。通过这种动态任务分配机制，协同架构能够在满足不同任务需求的基础上，实现计算资源的最优配置。

（三）边缘计算在智能建筑实时响应中的应用

边缘计算凭借其低延迟、高可靠性和本地化处理的特点，在智能建筑实时响应场景中发挥着重要作用，能够显著提升建筑系统的运行效率、安全性和用户体验。

1. 建筑设备实时监控

在智能建筑的设备监控系统中，边缘计算可实现对各类设备运行状态的实时监测和精准控制。在暖通空调系统中，分布在建筑不同区域的温度、湿度传感器将采集到的数据实时传输至本地边缘节点，边缘节点通过内置的控制算法快速分析数据，判断当前环境参数是否符合设定标准，并立即向空调设备发送调节指令，如调整温度设定值、改变送风量等。这种本地实时处理避免了传统集中式控制中数据上传云端再返回指令的延迟问题，确保了环境参数的快速稳定调节，提升了室内舒适度。边缘节点还能实时监测设备的运行参数，如电机转速、能耗指标等，及时发现设备异常并发出预警，便于维护人员进行预防性维护，减少设备故障停机时间。

2. 能源系统动态优化

智能建筑的能源系统需要根据实时的能源供应和需求情况进行动态调整，以实现能源的高效利用。边缘计算在这一过程中能够提供关键支持。边缘节点实时采集建筑内各区域的电力负荷数据、可再生能源的发电量数据以及外部电网的供电状态数据，通过本地算法快速分析能源供需平衡情况，并制订实时的能源分配策略。当某区域电力负荷突然增加时，边缘节点可立即调整该区域的非关键设备运行模式，或优先调用本地可再生能源发电，避免因电网负荷过大导致的供电不稳定。这种动态优化不仅能够降低建筑的能源消耗，还能减少对外部电网的依赖，提升能源系统的可靠性和经济性。

3. 安全事件快速响应

智能建筑的安全系统对事件响应的及时性要求极高，边缘计算能够有效提升安全事件的处理速度。在视频监控系统中，边缘节点可对摄像头采集的实时视频流进行本地分析，通过图像识别算法快速检测异常行为或危险情况，无须将大量视频数据上传至云端进行分析。一旦检测到安全事件，边缘节点可立即触发本地报警装置，向建筑管理平台发送报警信息，并启动自动关闭相关区域门禁、启动消防喷淋系统等相应应急处理预案。这种实时响应机制大大缩短了安全事件的发现和处理时间，降低了因安全风险造成的损失。此外，边缘计算还能支持门禁系统的实时身份验证，通过本地存储的身份信息数据库，快速完成人员身份识别和权限验证，确保门禁控制的实时性和准确性。

五、5G/6G 通信技术

（一）5G/6G 技术的性能指标

5G/6G 通信技术的性能指标是衡量其技术先进性和应用适配性的核心标准，指标提升直接决定通信技术在智能建筑等复杂场景中的应用能力。5G 作为当前主流新一代通信技术，已在多个关键指标实现突破，6G 则在 5G 基础上提出更高目标，旨在满足未来智能建筑更为复杂的通信需求。

1. 数据传输速率

数据传输速率是通信技术最基础的性能指标之一，它直接影响智能建筑中各类数据的传输效率。5G 技术的理论峰值数据传输速率可达 10Gbps，这一速率能够支持高清视频流、大容量传感器数据的实时传输，满足智能建筑中多媒体交互和大规模数据采集的基本需求。6G 技术的目标是将峰值速率提升至 1Tbps 级别，这一跨越式提升意味着单位时间内可以传输的数据量大幅增加，为智能建筑中未来可能出现的全息通信、沉浸式交互等新型应用提供了速率保障。

2. 网络时延

网络时延指数据从发送端到接收端所需的时间，低时延是保障智能建筑中实时控制和交互的关键。5G 技术通过优化网络架构和传输机制，将端到端时延控制在 1ms 左右，这一水平能够满足智能电梯精准调度、建筑设备实时监控等大多数实时控制场景的需求。6G 技术进一步追求超低时延，目标将时延降至 0.1ms 甚至更低，这对于智能建筑中的应急响应系统、远程操控设备等对时延高度敏感的应用至关重要，能够显著提升系统的响应速度和可靠性。

3. 连接密度

连接密度衡量的是单位面积内可连接的设备数量，这一指标直接关系到智能建筑中大规模物联网设备的接入能力。5G 技术支持每平方千米百万级别的设备连接，能够满足当前智能建筑中传感器、控制器、终端设备等的基本互联需求。6G 技术则计划将连接密度提升至每平方千米千万级甚至更高，以应对未来智能建筑中设备数量呈指数级增长的趋势，确保各类微小传感器、智能家具、环境监测设备等都能稳定接入网络并实现高效通信。

（二）高速通信对智能建筑多设备互联的支撑

智能建筑是由大量不同类型设备组成的复杂系统，涵盖环境监测传感器、安防监控设备、建筑设备控制器、用户交互终端等多个类别，设备间互联需求呈现多样化和复杂化特点。高速通信技术通过提供高带宽、低时延、大连接的通信能力，为智能建筑多设备互联提供关键支撑，确保各类设备协同工作，共同构成智能、高效的建筑运行体系。

1. 多设备互联的通信需求特征

（1）设备类型与数据传输特性

智能建筑中的设备类型繁多，不同类型设备的数据传输特性呈现出显著不同。环境监测传感器产生小数据包、周期性数据，对传输速率要求不高，但对连接稳定性和功耗有较高要求；安防监控设备以高清摄像头为代表，需要传输大容量视频流数据，对带宽要求较高；建筑设备控制器如空调、照明系统的控制模块则需要实时传输控制指令，对时延和可靠性要求更高。高速通信技术需要满足这些不同类型设备的差异化通信需求，通过灵活的资源分配和传输机制，确保各类数据都能得到有效传输。

（2）设备互联的规模与并发需求

随着智能建筑智能化程度的提升，接入网络的设备数量不断增加，设备互联的规模持续扩大、交互也日益频繁，导致网络中的并发传输需求显著上升。在高峰期，大量设备可能集中发送或接收数据，这对通信网络的容量和处理能力提出了严峻挑战。高速通信技术通过提升网络带宽和优化接入控制机制，能够有效应对大规模设备互联带来的并发传输压力，避免网络拥堵，保障设备之间数据交互的及时性和顺畅性。

2. 高速通信的支撑机制

（1）网络资源动态分配

高速通信技术具备网络资源动态分配的能力，能够根据智能建筑中不同设备的实时通信需求，灵活调整带宽、时隙等网络资源。当安防系统需要传输高清视频时，网络可以为其分配更多的带宽资源，确保视频流的清晰和流畅；而当环境传感器仅需传输少量监测数据时，则可以分配较少的带宽资源以提高利用效率。这种动态分配机制使得网络资源能够得到最大化利用，满足多设备互联的多样化需求。

（2）边缘计算协同

高速通信技术与边缘计算的协同是支撑智能建筑多设备互联的重要机制。边缘计算将计算资源部署在靠近设备的网络边缘，使得设备产生的数据可以在本地进行处理和分析，减少了数据传输到云端的距离和时间，降低了网络时延。边缘计算还能对本地设备的数据进行初步筛选和整合，只将关键信息上传至云端，减少了网络中的数据传输量，缓解了网络带宽压力。这种协同机制不仅提升了设备的响应速度，还增强了多设备互联系统的整体性能和稳定性。

（三）5G/6G 与智能建筑应用场景的适配

智能建筑的应用场景丰富多样，不同场景对通信技术的性能需求存在差异，

5G/6G 通信技术凭借自身技术特性与功能扩展，可与这些应用场景深度适配，为智能建筑的智能化运行和服务提供有力支持。这种适配不仅体现在技术性能的匹配上，还涵盖通信协议、网络架构等方面的优化，确保通信技术无缝融入智能建筑的各个应用环节。

1. 典型应用场景的通信需求

（1）实时控制类场景

实时控制类场景是智能建筑中的重要应用领域，包括建筑设备自动化控制、智能电梯调度系统、应急响应系统等。这类场景要求通信技术具备低时延和高可靠性的特点，以确保控制指令能够实时、准确地传输到执行设备，避免因通信延迟或中断导致设备失控或应急响应不及时。建筑设备自动化控制中，空调系统的温度调节指令需要实时传输到控制器以保证室内温度的稳定；应急响应系统在发生火灾等紧急情况时，需快速将报警信息和控制指令传输到相关设备，启动灭火装置、打开疏散通道。

（2）数据采集与分析类场景

数据采集与分析类场景主要涉及智能建筑中的环境监测、能源消耗统计、用户行为分析等应用领域。这类场景需要通信技术具备高带宽和大连接的能力，以支持大量传感器设备持续采集数据，并将这些数据传输到数据中心进行存储和分析。环境监测系统通过分布在建筑各个区域的温湿度传感器、空气质量传感器等设备，实时采集环境数据，这些数据需要通过通信网络传输到后台系统，进行分析和处理，为建筑的环境调控提供依据；能源消耗统计则需要实时采集各类设备的能耗数据，通过大数据分析优化能源分配，提高能源利用效率。

2. 5G/6G 的场景适配策略

（1）技术参数的场景化配置

5G/6G 通信技术支持根据不同应用场景的需求进行技术参数的场景化配置，通过调整数据传输速率、时延、连接数等关键参数，使通信网络能够更好地适配场景需求。针对实时控制类场景，网络可配置为低时延、高可靠模式，牺牲部分带宽以确保控制指令的实时传输；针对数据采集与分析类场景，则可配置为高带宽、大连接模式，优先保障大量数据的高效传输。这种场景化配置机制使得 5G/

6G 通信技术能够灵活应对智能建筑中不同场景的差异化需求。

（2）网络架构的灵活扩展

5G/6G 通信技术采用了灵活的网络架构，支持网络功能的虚拟化和模块化，能够根据智能建筑的应用场景需求进行网络架构的灵活扩展和定制。在大型智能建筑中，可通过部署小型基站、微基站等设备构建密集化网络覆盖以提升室内通信质量；对于有特殊通信需求的区域，如数据中心、重要设备机房等，可部署专用网络切片为其提供独立的通信资源和服务质量保障。这种灵活的网络架构扩展能力，使得 5G/6G 通信技术能够适应不同规模、不同功能智能建筑的通信需求，实现与应用场景的深度融合。

第三章　智能建造平台设计体系

第一节　NIP 与前期智能规划与决策

一、NIP 技术的理论基础

（一）NIP 技术的定义与核心要素

NIP 技术全称为智能规划与决策技术，是构成智能建造平台设计体系中支持建筑项目前期规划与决策的核心技术。通过整合多学科理论与方法，该技术实现建筑项目规划过程中各类信息的智能处理与决策支持，提升前期规划的科学性、高效性和动态适应性。其核心要素体现在三个方面。多源数据集成作为基础要素，通过系统化手段整合建筑项目前期涉及的地理空间数据、环境监测数据、资源供给数据、政策法规数据等信息，形成统一的数据资源池，为后续的智能分析提供数据支撑。智能算法模型构成核心驱动力，涵盖机器学习算法、优化决策模型、多目标规划方法，通过集成数据的深度挖掘与分析，实现规划方案的模拟、评估与优化。动态决策支持作为目标要素，强调在规划过程中根据实时数据反馈和外部条件变化，动态调整决策参数与规划方案，确保决策结果适应项目全生命周期的动态需求。

（二）NIP 技术的体系架构

NIP 技术的体系架构是实现其功能的结构化框架，通常可划分为四个层次，各层次之间相互关联、协同作用。感知层是体系架构的底层，主要负责原始数据的采集与获取，通过传感器网络、遥感技术与地理信息系统，收集建筑场地的地形地貌数据、气候环境数据及周边基础设施数据，为上层提供基础数据输入。数据层位于感知层之上，承担数据的存储、清洗、整合与管理功能，通过分布式数据库与数据仓库技术，对感知层采集的多源异构数据进行标准化处理，消除数据冗余与冲突，形成高质量的数据集。模型层是体系架构的核心处理层，基于数据层提供的数据，构建空间布局优化模型、资源配置模型、风险评估模型等各类智能算法模型，通过模型计算与分析，生成初步的规划方案与决策建议。应用层是体系架构的顶层，面向用户提供交互界面与功能模块，将模型层输出的规划结果以可视化方式呈现，支持用户对方案进行调整、评估与确认，实现人机协同决策。

（三）NIP 技术与建筑信息模型（BIM）的关联

NIP 技术与建筑信息模型（BIM）的关联是智能建造前期规划阶段的重要技术融合点，两者通过数据交互与功能互补，共同提升规划决策的综合效能。数据融合机制是 NIP 技术与 BIM 关联的基础，NIP 技术通过标准化数据接口，将感知层采集的环境监测数据、资源供给数据等实时动态数据输入 BIM 模型，补充 BIM 模型在动态信息方面的不足；BIM 模型则为 NIP 技术提供建筑项目的几何信息、构件属性、空间关系等静态基础数据，使 NIP 技术的分析与决策建立在准确的建筑实体模型之上，形成动态数据与静态模型的有机结合。协同应用场景是 NIP 技术与 BIM 关联的具体体现，在建筑项目前期规划中，NIP 技术利用 BIM 模型的三维可视化特性，将智能算法生成的规划方案与 BIM 模型进行整合，通过模拟分析不同方案在 BIM 环境中的空间布局合理性、资源利用效率、环境影响程度等；BIM 模型则将 NIP 技术的分析结果以直观的三维视图、数据报表等形式呈现，帮助规划人员更清晰地理解方案优劣，做出更科学的决策，推动前期规划从经验驱动向数据驱动转变。

二、前期智能规划的流程与方法

（一）需求分析与数据采集

1. 需求识别与分类

需求识别与分类需从功能与非功能两个维度展开，以覆盖智能建筑规划的核心诉求。功能需求梳理需聚焦智能建筑的核心应用场景，包括空间利用效率、设备集成管理、运维服务优化等模块，通过访谈、问卷等方式调研业主对办公空间灵活性的要求、运维方对设备远程监控的需求等不同利益相关者的具体需求。非功能需求界定需关注系统性能与安全可靠性，性能指标包括数据处理速度、系统响应时间等技术参数，可靠性要求涉及故障自愈能力、平均无故障运行时间，安全性标准涵盖数据加密、访问控制等内容，需结合《智能建筑设计标准》等行业规范与项目实际场景确定具体阈值。

2. 数据采集框架设计

数据采集框架设计需明确数据源类型与采集技术，以保障数据的全面性与时效性。数据源分类与筛选需区分静态数据与动态数据，静态数据包括建筑场地地质条件、周边基础设施分布、区域气候特征等，动态数据包括区域人流密度、能源消耗波动、环境质量等参数，需根据需求分析结果筛选与核心目标关联度高的数据源，避免数据冗余。数据采集技术选择需匹配数据类型特性，静态数据可通过实地勘测、GIS 系统查询、文献检索等方式获取，动态数据则需借助物联网传感器网络、大数据平台接口、移动端采集工具等实时采集，并建立数据校验机制，通过交叉验证确保数据的准确性。

（二）方案生成与评估算法

1. 方案生成机制

方案生成机制需基于多目标优化模型的输出结果，通过聚类与细化形成可实施的规划方案。对 Pareto 最优解集合进行聚类分析，采用 *K*-means 算法去除相似解，保留具有代表性的方案原型；结合建筑功能布局、技术集成路径、空间流线设计等实际因素对原型方案进行细化，明确各功能分区的设备配置、系统架构的层级关系、智能化功能的实现路径，最终形成包含平面布局图、系统配置表、技术参数说明的完整规划方案。

2. 多维度评估指标体系

多维度评估指标体系需覆盖可行性、经济性、可持续性三大方面，以全面衡量方案的综合价值。可行性指标包括技术实现难度（现有技术能否满足功能需求）和工期匹配度（规划方案与项目建设周期的适配性）；经济性指标涵盖投资回报率（初期投资与长期收益的比值）和生命周期成本（全周期内的总费用现值）；可持续性指标涉及能源利用效率（单位产值能耗）和环境影响程度（碳排放、废弃物产生量）。各指标需通过层次分析法（AHP）确定权重，以反映不同需求的优先级。

3. 评估算法实现

评估算法实现需结合定量与定性分析，通过量化评分与敏感性分析确保评估结论的可靠性。采用模糊综合评价法对方案的各指标进行量化评分，将定性描述转化为隶属度函数值，再结合指标权重计算综合得分；引入敏感性分析，通过调整关键参数观察评估结果的变化幅度，识别对方案评价影响显著的敏感因素，为后续决策提供风险提示。

（三）动态调整与迭代机制

1. 反馈信息采集与分析

反馈信息采集与分析需建立实时监测机制，及时捕捉影响规划效果的关键数据。在规划实施阶段，通过部署传感器、设置用户反馈渠道、对接项目管理平台等方式，采集方案落地偏差（实际建设进度与规划进度的差异）、系统运行参数（设备能耗、响应时间）和用户使用体验（功能满意度、操作便捷性）等数据；通过数据清洗去除异常值，采用主成分分析法提取关键影响因素，包括技术参数不匹配、需求发生变更、外部环境变化等，为迭代优化提供依据。

2. 迭代优化触发条件

迭代优化触发条件需设定明确的阈值与周期，确保调整的及时性与必要性。当反馈数据显示某一核心指标偏离预期值超过设定阈值时，自动启动迭代优化流程；建立周期性触发机制，每季度进行一次全面评估，结合项目阶段性成果与外部环境变化（政策更新、技术迭代等），主动发起优化需求，避免因滞后调整导致方案失效。

3. 动态调整策略

动态调整策略需根据偏差原因采取针对性措施，通过多轮迭代逐步完善规划方案。若偏差源于数据源变化（初期采集数据与实际不符），需重新开展数据采集与模型校准；若因目标优先级调整（业主新增绿色建筑认证需求），需重构目标函数与约束条件，调整优化算法参数；对于重大变更（建筑功能转型），则需返回需求分析阶段重新梳理需求，更新数据采集框架与优化模型，通过“需求-模型-方案-反馈”的多轮迭代，确保规划方案与项目实际需求的动态匹配。

三、智能决策模型的构建与应用

（一）决策指标体系的建立

决策指标体系是智能建筑前期规划与决策中连接需求目标与量化分析的核心桥梁，其科学性直接影响决策模型的可靠性。在智能建筑规划场景下，指标体系需要综合反映建筑功能、技术性能、经济成本、环境影响等多维度需求，通过系统性的指标筛选与组织，形成可操作的评估框架。

1. 决策指标的选取原则

指标选取需遵循系统性、可操作性、动态性与前瞻性原则。系统性原则要求指标覆盖智能建筑规划的全要素，包括空间布局、设备配置、系统集成等方面；可操作性原则强调指标数据的可获取性与量化能力，避免选择难以测量的抽象概念；动态性原则考虑建筑全生命周期的变化，使用阶段的能耗波动、技术迭代对系统兼容性的影响均需纳入考量；前瞻性原则则需预留未来扩展接口，适应智慧城市发展对建筑提出的数据交互标准、智能运维升级空间等新要求。

2. 指标层次结构的划分

基于层次分析法的思想，指标体系通常划分为目标层、准则层与指标层三级结构。目标层明确为“智能建筑前期规划方案的综合优化决策”；准则层包括功能需求、技术可行性、经济合理性、环境可持续性四个核心维度；指标层则是各准则下的具体量化指标，功能需求维度涵盖空间利用率、系统响应速度、用户体验满意度等，技术可行性维度包含设备兼容性、网络覆盖稳定性、数据安全等级等，经济合理性维度涉及初期投资成本、运维费用、投资回收期等，环境可持续性维度包括能耗指标、碳排放系数、可再生能源利用率等。

3. 指标权重的确定方法

指标权重反映不同指标在决策中的相对重要性，常用方法包括主观赋权法与客观赋权法的结合。主观赋权法中层次分析法通过专家打分构建判断矩阵，计算各指标的权重值，适用于数据缺乏但专家经验丰富的场景；客观赋权法中熵权法基于指标数据的离散程度确定权重，避免主观偏差，适用于有充足历史数据的情况。

（二）基于机器学习的决策支持算法

机器学习算法为智能决策模型提供了数据分析与方案优化的核心技术支撑，通过对历史数据与实时信息的学习，实现决策过程的自动化与智能化。智能建筑前期规划中，决策支持算法需处理多源异构数据，涵盖建筑设计参数、设备性能数据、环境监测数据，通过模式识别与预测分析，输出最优规划方案。

1. 算法选择依据

算法选择需根据决策问题类型与数据特征确定。针对智能建筑规划中不同功能分区布局方案选择等方案分类问题，可采用监督学习算法中的分类模型，包括支持向量机、随机森林、神经网络等；对于投资成本预测、能耗模拟等连续型指标的预测问题，则适合回归算法，包括线性回归、梯度提升树、长短期记忆网络等。当数据样本量较小时，宜选择逻辑回归等简单模型，避免过拟合；当数据维度高且存在非线性关系时，卷积神经网络、图神经网络等深度学习模型更具优势，能自动提取建筑空间拓扑结构与能耗分布的关联特征等复杂特征。

2. 模型训练与优化

模型训练过程包括数据预处理、特征工程、参数调优三个关键环节。数据预处理需完成缺失值填充、异常值检测与处理、数据标准化或归一化，对能耗数据中的异常峰值可采用 IQR 法（四分位距法）识别并替换为均值；特征工程通过特征选择与特征构造提升模型输入质量，基于互信息的方法可筛选关键指标，建筑朝向与窗墙比可组合为新特征。参数调优采用网格搜索、随机搜索或贝叶斯优化方法，以交叉验证准确率为目标函数优化模型超参数，包括随机森林中的树的数量、最大深度，神经网络中的学习率、隐藏层神经元数量等。此外，针对样本不平衡问题（优质方案样本较少），可采用过采样或欠采样方法平衡训练数据分布，提高模型对少数类方案的识别能力。

3. 算法适用性验证

算法适用性验证需从准确性、鲁棒性与可解释性三个方面展开。准确性验证通过测试集上的性能指标评估，分类问题采用准确率、精确率、F1 分数，回归问题采用均方误差、平均绝对误差；鲁棒性验证通过添加噪声数据或改变数据分布测试模型输出的稳定性，包括设备性能参数的±5%扰动与不同气候区的环境数据变化；可解释性验证对于智能决策尤为重要，采用 SHAP 值、LIME 算法等解释工具分析各输入指标对决策结果的影响程度，识别出“可再生能源利用率”作为影响方案环境评分的最关键指标以增强决策者对模型的信任度。

（三）决策结果的可视化呈现

1. 可视化内容选择

可视化内容应聚焦决策核心要素，包括方案综合评分对比、关键指标分布特征、不确定性分析结果等。方案综合评分对比采用雷达图或柱状图，展示不同规划方案在功能、技术、经济、环境维度的得分情况，便于横向比较；关键指标分布特征通过箱线图、热力图呈现，各方案的投资成本分布范围、能耗指标的空间分布热力图等可揭示指标的集中趋势与离散程度；不确定性分析采用误差棒图或小提琴图，展示模型预测结果的置信区间，投资回收期预测值的±10%置信区间等可帮助决策者评估风险。此外，针对动态决策场景，可增加时间序列图，展示方案在全生命周期内的性能变化趋势，年运维费用随时间的演变曲线等。

2. 可视化效果评估

可视化效果评估结合定性方法与定量方法进行。定性评估采用用户访谈法，收集决策者对可视化图表的理解难度、信息获取效率的反馈，询问“通过雷达图能否快速识别最优方案的优势维度”；定量评估采用眼动追踪技术，分析决策者的注视点分布、注视时长，量化关键信息区域的关注度，统计80%决策者首次注视高评分方案的时间。基于评估结果，对可视化设计进行迭代优化，调整色彩编码，采用对比色区分优劣方案，简化图表元素，去除非必要网格线，增加图例说明，提升信息传递的准确性与效率。

第二节 WSN与智能施工监测

一、WSN技术的基本原理与特点

（一）传感器节点的组成与功能

1. 组成部分

传感器模块是传感器节点与外部环境交互的接口，负责将施工环境中的非电物理量或化学量转换为电信号。不同类型的传感器对应不同监测参数，温度传感器监测环境温度变化，振动传感器捕捉结构振动信号，应力应变传感器检测建筑构件的受力状态。传感器模块的灵敏度、精度和响应速度直接影响监测数据质量，需依据施工监测的具体需求选型。

处理器模块是传感器节点的核心控制单元，负责对传感器模块采集的原始数据进行处理、存储和分析。通常采用低功耗微处理器，包括MSP430系列处理器与 ARM Cortex-M 系列处理器，以满足节点的低功耗要求。处理器模块需要具备数据融合能力，能够对多传感器数据进行整合，去除冗余信息，提高数据传输的效率。处理器模块还需负责执行节点的控制算法，包括休眠唤醒控制、通信协议处理等。

无线通信模块实现传感器节点之间以及传感器节点与汇聚节点之间的数据传输，其主要性能指标包括传输距离、数据速率、通信频率和功耗。在智能施工监测中，考虑到施工现场的障碍物较多，无线通信模块需要具备较强的抗干扰能力和穿透能力。常用的无线通信技术有 ZigBee、LoRa 和蓝牙低功耗（BLE），这些技术在功耗和传输距离上各有优势，需根据监测网络的规模和环境特点选择合适的通信模块。

电源模块为传感器节点的各个组成部分提供能量，是保障传感器节点长期稳定工作的关键。由于施工现场通常难以提供持续的电力供应，传感器节点多采用锂电池或太阳能电池等电池供电。为延长节点的使用寿命，电源模块需要具备低功耗管理功能，通过优化电源转换效率和动态调整供电策略，减少不必要的能量消耗。部分节点还会配备能量收集模块，通过收集环境中的太阳能、振动能等可再生能源，实现电源的自主补充。

2. 主要功能

数据感知功能是传感器节点最基本的功能，通过传感器模块实时采集施工环境中的各类参数。这些参数包括环境参数（温度、湿度、光照、粉尘浓度）、结构参数（应力、应变、位移、振动）和设备参数（电机转速、设备温度、运行状态）等。数据感知功能的准确性直接决定了施工监测的可靠性，需定期对传感器进行校准以确保采集数据的精度。

数据处理功能是传感器节点对采集数据进行核心处理的关键环节。传感器节点采集的原始数据通常包含噪声与冗余信息，需由处理器模块完成。其具体功能涵盖数据滤波、数据压缩、数据融合及特征提取。数据滤波旨在去除噪声干扰，提高数据信噪比；数据压缩能够减少数据量，降低传输能耗；数据融合通过整合多源传感器数据，提升监测结果的准确性与全面性；特征提取旨在从处理后的数据中提取关键信息，为施工决策提供支持。

数据传输功能实现传感器节点与其他节点或汇聚节点之间的数据交换。在无线传感器网络中，数据传输通常采用多跳方式，即节点将数据发送给邻近节点，由邻近节点转发至汇聚节点，以扩大网络覆盖范围。数据传输功能需要遵循一定的通信协议以确保数据传输的可靠性和实时性，为降低能耗，节点还会根据数据的重要性和实时性要求动态调整传输速率和传输时机。

节点管理功能负责传感器节点的自身状态管理和网络协调，包括节点的休眠与唤醒控制、电池电量监测、故障自检和网络拓扑维护。休眠与唤醒控制通过在非工作时段关闭部分模块电源，显著降低节点能耗；电池电量监测可以及时发现低电量节点，便于维护人员更换电池；故障自检能够检测节点硬件或软件故障，并通过报警机制通知监测中心；网络拓扑维护则通过动态更新节点邻居列表，确保网络连接的稳定性。

（二）网络拓扑结构的设计原则

网络拓扑结构是指 WSN 中传感器节点之间的连接方式，其设计直接影响网络的覆盖范围、数据传输效率、容错能力和能耗分布。在智能施工监测中，施工现场环境动态变化、节点部署受地形和障碍物限制，网络拓扑结构的设计需要遵循一定的原则，确保网络性能满足施工监测的需求。

1. 常见拓扑结构类型

（1）星型拓扑结构

以一个中心节点（汇聚节点）为核心，所有传感器节点直接与中心节点通信。中心节点负责数据接收、处理和转发，传感器节点之间不直接通信。星型拓扑结构的优点包括结构简单、易于实现和管理，中心节点能集中处理数据；缺点在于中心节点一旦故障，整个网络将瘫痪，且节点到中心节点的距离受限，覆盖范围较小。

（2）树型拓扑结构

将传感器节点按层级组织，形成类似树状的结构。根节点为汇聚节点，中间节点负责转发其下层节点的数据，叶节点为传感器节点。树型拓扑结构的优点是覆盖范围较大，数据传输路径清晰；缺点是中间节点故障会导致其下层节点与网络断开连接，容错能力较弱，上层节点的通信负担较重，容易成为瓶颈。

(3) Mesh 拓扑结构

每个传感器节点都可以与邻近节点通信，数据通过多跳方式传输至汇聚节点。节点之间没有固定的层级关系，具有自组织和自修复能力。Mesh 拓扑结构的优点是容错能力强，某个节点故障后，数据可通过其他路径传输；覆盖范围广，可通过多跳扩展网络；缺点是网络管理复杂，路由算法开销较大，能耗分布不均匀。

(4) 簇型拓扑结构

将传感器节点划分为多个簇，每个簇由一个簇头节点和多个普通节点组成。普通节点将数据发送给簇头节点，簇头节点对数据进行融合处理后，转发至汇聚节点或其他簇头节点。簇型拓扑结构的优点是通过簇头节点的数据融合减少数据传输量，降低网络能耗；簇内管理简单，可动态调整簇结构适应节点变化。缺点是簇头节点负担较重，需要定期轮换以平衡能耗。

2. 拓扑设计的基本原则

覆盖范围最大化是拓扑结构设计的基本要求，旨在确保传感器节点覆盖整个施工监测区域并消除监测盲区。在节点部署阶段，应依据传感器的感知半径与通信半径，计算节点的最佳密度与位置。针对复杂地形或存在障碍物的区域，需增加节点数量或采用多跳传输方式，以确保监测信号的有效覆盖。

容错能力增强是应对施工现场节点故障的重要设计原则。施工现场环境复杂，传感器节点可能因振动、碰撞、电磁干扰等原因发生故障。拓扑结构设计应具备较强的容错能力，当某个节点或链路出现故障时，网络能够自动调整传输路径，确保数据传输不中断。Mesh 拓扑结构和簇型拓扑结构在容错能力方面表现较好，可优先考虑在施工监测中应用。

能耗分布均衡是延长网络寿命的关键，传感器节点的能耗主要集中在数据传输和处理过程中。拓扑结构设计应尽量平衡网络中各节点的能耗，避免部分节点因负担过重而过早失效。簇型拓扑结构中，簇头节点轮换机制使每个节点都有机会成为簇头，避免单个节点长期高负荷工作；Mesh 拓扑结构中，动态路由算法可选择能耗较低的传输路径。

数据传输效率提升直接影响监测数据的实时性和有效性。拓扑结构设计应缩短数据传输路径，减少传输延迟和数据丢包率。树型拓扑结构和星型拓扑结构的数据传输路径相对固定，传输延迟较低；Mesh 拓扑结构通过优化路由算法，可选择最短路径传输数据，提高传输效率。需避免网络中出现数据传输瓶颈，合理设置中间节点或簇头节点的数量和位置。

（三）WSN 的低功耗与可靠性保障

1. 低功耗保障技术

休眠唤醒机制是降低节点能耗的主要手段。传感器节点在非工作时段进入休眠状态，关闭不必要的模块电源，仅保留必要的时钟和中断模块；当需要采集数据或接收指令时，由定时器或外部事件触发唤醒。休眠唤醒机制的关键是合理设置休眠周期和唤醒条件，在满足监测实时性要求的前提下，最大化休眠时间。慢变参数可对应较长的休眠周期，快变参数或关键警报信号则需缩短休眠周期或采用事件触发唤醒。

动态功率调整技术通过根据通信距离和信道质量实时调整发射功率，减少无线通信模块的能耗。无线通信模块是节点能耗的主要来源之一，节点与通信对象距离较近或信道质量较好时降低发射功率，距离较远或信道质量较差时适当提高发射功率。动态功率调整需结合信号强度检测（RSSI）或链路质量指示（LQI）等参数，实现发射功率的自适应调整。

数据融合技术通过对多个传感器节点采集的数据进行整合和分析，去除冗余信息，减少数据传输量，降低网络能耗。数据融合可在节点级、簇头级或汇聚节点级进行。节点级融合对本地采集的数据进行预处理，去除噪声和无效数据；簇头级融合对簇内多个节点的数据进行整合，提取关键信息；汇聚节点级融合则对整个网络的数据进行综合分析。数据融合不仅能降低能耗，还能提高数据的准确性和可靠性。

能量收集模块技术通过收集环境中的可再生能源为节点供电，补充电池能量，延长节点寿命。在智能施工监测中，施工现场通常有较充足的光照条件，可采用太阳能电池板为节点供电；振动较大的区域、施工机械附近等，可采用振动能量收集装置。能量收集模块技术需要与低功耗设计相结合，确保收集的能量能够满足节点的基本能耗需求。

2. 可靠性保障技术

数据传输可靠性保障依赖纠错编码与自动重传机制。前向纠错（FEC）编码作为一种纠错编码技术，在数据中加入冗余信息，使接收端能够通过解码纠正传输过程中的错误；自动重传请求（ARQ）机制则在接收端检测到数据错误时，请求发送端重传数据。此外，多路径传输技术通过建立多条数据传输路径，在主路径故障时自动切换至备用路径，进一步提高数据传输的可靠性。

网络抗干扰技术针对施工现场的电磁干扰问题，采用频率跳变、扩频通信和干扰规避等方法。频率跳变技术使节点在多个频率信道间动态切换，避开干扰频段；扩频通信技术通过将信号扩展到较宽的频段，降低干扰信号的影响；干扰规避技术通过实时监测信道质量，选择干扰较小的信道进行通信。这些技术的综合应用可显著提高网络的抗干扰能力。

节点故障检测与恢复技术旨在发现故障节点并恢复网络功能。故障检测依靠节点间的心跳包交换或数据传输状态监测，节点若在预设时间内未发送数据或心跳包即被判定为故障。故障恢复则依靠网络拓扑重构，例如在 mesh 拓扑中自动寻找新传输路径，或在簇型拓扑中重新选举簇头节点，以确保网络连通性。

时间同步技术保证 WSN 中各节点的时间一致性，是协调网络操作和确保数据采集时间准确的基础。时间同步技术通过参考节点（汇聚节点）向其他节点广播时间同步消息，使网络中所有节点的时钟保持一致。常用的时间同步协议有 RBS（参考广播同步协议）、TPSN（传感器网络时间同步协议）等。时间同步的精度直接影响数据融合和事件定位的准确性，在智能施工监测中，需根据监测需求选择合适的时间同步协议和同步周期。

二、智能施工监测系统的总体设计

（一）系统架构与功能模块划分

智能施工监测系统的总体架构设计需满足施工环境下实时数据采集、高效传输与精准分析的需求，通常采用分层架构实现功能解耦。感知层作为系统的数据来源，主要由部署在施工区域的各类传感器节点组成，负责采集结构振动、环境温湿度、人员定位、设备运行状态等关键参数，其核心功能是将物理量转化为可传输的数字信号。网络层承担数据传输任务，基于 WSN 技术构建无线通信网络，通过路由协议实现传感器节点与汇聚节点之间的低功耗数据交互，支持与有线网络或移动通信网络的对接以确保数据能够稳定上传至上层平台。应用层是系统的核心处理单元，集成数据存储、分析、可视化与决策支持功能，通过对采集数据的多维度处理，为施工管理人员提供实时监测报告与异常预警信息。

功能模块划分需基于架构层次进行协同设计。数据采集模块对应感知层，根据监测对象的不同配置相应类型的传感器——用于结构监测的应变传感器、用于环境监测的气体浓度传感器等。模块须具备参数配置与自检功能，确保采集数据的准确性。数据传输模块对应网络层，包含节点通信管理、数据转发与协议转换子模块，通过优化通信频率与数据压缩算法，降低网络拥塞与能耗。数据处理模块位于应用层，负责数据清洗、融合与特征提取，结合施工规范建立分析模型，实现对施工过程中潜在风险的识别。预警决策模块作为应用层的输出单元，根据处理结果生成分级预警信息，提供可视化展示界面，支持管理人员制订应对措施。

（二）硬件选型与部署方案

硬件选型需综合考虑施工环境的复杂性、监测指标的精度要求以及系统的长期稳定性。传感器节点的选型是硬件配置的核心，应根据监测参数特性确定类型：结构位移监测宜选用精度达±0. 1mm 的激光位移传感器，振动监测可采用量程为±5g 的加速度传感器，环境参数监测则选择响应时间小于 10s 的温湿度传感器。节点设备须具备低功耗特性，选用支持 IEEE 802. 15. 4 协议的无线通信模块，确保在无外接电源情况下连续工作时间不低于 6 个月，具备 IP67 及以上防护等级，以适应施工场地粉尘、雨水等恶劣环境。

汇聚节点与网关设备的选型分别聚焦数据汇聚与远程传输能力。汇聚节点应支持多通道数据接收，支持不少于50个传感器节点的并发接入，配备高性能微处理器以执行本地数据预处理，从而降低上传数据量。网关设备应集成以太网、5G及Wi-Fi等多种网络接口以确保与云端平台的无缝对接，数据转发速率应达到每秒不少于1000条记录，同时具备边缘计算功能以便对关键数据进行本地实时分析。

部署方案设计需结合施工场地的空间布局与监测重点。传感器节点的部署密度应根据监测对象的重要性确定，高层建筑施工中核心筒结构每两层需布置一组应变传感器，普通楼板区域则可适当降低部署密度。节点安装方式需考虑施工便利性与数据准确性，结构表面传感器采用螺栓固定或粘贴安装，确保与监测对象紧密接触；环境传感器通过支架安装在距离地面1.5m高度处，避免阳光直射与地面热源影响。汇聚节点宜部署在监测区域中心位置，确保无线通信覆盖范围最大化，网关设备安装在施工项目部机房内，通过防雷接地处理保障设备安全运行。

（三）软件平台的开发与集成

软件平台的开发采用分层架构设计，实现数据处理流程的模块化与可复用。数据接收层负责与硬件设备的通信对接，开发基于TCP/IP协议的Socket服务端，支持多线程并发处理传感器节点上传的数据，并实现数据校验机制，对异常数据包进行重传请求或丢弃处理。数据存储层采用混合数据库架构，关系型数据库MySQL用于存储结构化数据，包括传感器配置信息、施工进度参数等；时序数据库InfluxDB专门存储海量监测数据，利用其高效的时间序列数据压缩与查询能力，满足历史数据回溯需求。

数据处理与分析层是软件平台的核心功能模块，开发基于Python的数据分析引擎，集成数据清洗、滤波与特征提取算法。数据清洗模块通过平滑滤波去除传感器噪声，采用滑动窗口算法识别并修正异常值；特征提取模块则针对不同监测参数提取关键指标，如结构振动的主频、加速度峰值，环境温湿度的变化率等。分析模型的构建需结合施工规范与工程经验，基于混凝土强度增长曲线建立养护环境监测模型，通过实时温度数据预测强度发展，为模板拆除时间提供决策依据。

可视化与应用集成层负责数据的直观展示与系统交互，开发 Web 端与移动端应用界面。Web 端采用 React 框架构建，实现监测数据的实时仪表盘展示，包括数据趋势图、预警状态指示、施工区域三维模型叠加等功能，支持用户自定义监测视图与数据导出。移动端应用基于 Flutter 开发，提供预警信息推送、现场数据查询与设备管理功能，满足管理人员移动办公需求。系统集成方面，开发标准化 API 接口，实现与 BIM 平台的数据对接，将监测数据与建筑信息模型关联，支持在三维模型中直观查看各构件的实时状态；与施工管理系统集成，实现监测数据与施工进度计划的联动分析，提升施工过程管控的协同性。

（四）系统兼容性与扩展性设计

系统兼容性设计需确保硬件设备、软件模块与外部系统之间的无缝协同。硬件接口兼容性方面，传感器节点采用标准化接口设计，支持 USB、RS485 等通用接口类型，便于不同品牌、型号传感器的替换与扩展；汇聚节点与网关设备通过以太网接口实现数据交互，支持 Modbus、MQTT 等工业通用协议，降低硬件集成难度。软件协议兼容性需满足多源数据接入需求，开发协议转换模块，支持将 WSN 网络的 ZigBee 协议、蓝牙协议转换为 TCP/IP 协议，确保与云端平台的通信一致性；数据格式采用 JSON 作为标准交换格式，定义统一的数据字段与结构，传感器 ID、采集时间、参数值、状态码等均包含在内，便于不同系统之间的数据解析与利用。

系统扩展性设计需考虑未来功能升级与规模扩大的需求。硬件扩展能力通过模块化设计实现，传感器节点采用即插即用架构，新增监测参数时只需接入相应传感器并更新配置信息，无须改动现有网络结构；汇聚节点支持动态扩展接入容量，通过增加通信模块扩展节点接入数量，满足大型施工项目的监测需求。软件功能扩展基于微服务架构开发，将数据接收、处理、分析等功能拆分为独立服务，新增功能时只需开发相应微服务并注册到服务注册中心，实现系统功能的灵活扩展。

性能扩展性设计需保障系统在数据量增长与用户访问增加时的稳定性。采用云计算平台部署应用层软件，利用弹性计算资源根据数据处理需求动态调整服务器配置，当监测数据量激增时自动增加计算节点，避免系统性能瓶颈；数据库采用主从复制架构，主库负责数据写入，从库承担查询请求，通过读写分离提升数据访问效率；支持数据库分片技术，将海量历史数据分布存储在多个物理节点，提高数据查询与管理的灵活性。

三、监测数据的采集与传输技术

（一）多参数传感器的数据采集方法

在智能施工监测中，多参数传感器是获取现场数据的核心设备，其采集方法直接影响监测数据的完整性和准确性。施工环境下需监测的参数类型多样，主要包括结构力学参数、环境参数以及设备运行参数。不同参数对应不同的传感器类型，应力应变监测常采用电阻应变片传感器，通过金属丝电阻变化反映结构形变；环境温湿度监测多使用电容式温湿度传感器，利用介质电容随温湿度变化的特性实现测量。数据采集模式可分为主动采集与被动触发采集两种，主动采集是传感器按预设时间间隔持续获取数据，适用于需要连续监测的静态参数；被动触发采集则是当监测参数超过设定阈值时自动启动采集，振动加速度超过 $5m/s^2$ 时触发高频采样，既能保证关键数据捕捉，又可降低不必要的能耗。采样频率的设置需结合监测对象的动态特性，静态结构位移监测通常采用较低频率（0.1~1Hz），而动态振动或冲击监测需提高至100~1000Hz，以避免数据失真。

（二）无线传输中的抗干扰策略

无线传感器网络（WSN）在施工监测中常面临复杂的电磁环境干扰，影响数据传输的稳定性和可靠性，需采用针对性的抗干扰策略。施工现场的主要干扰因素包括大型施工机械产生的电磁辐射、金属结构对无线信号的遮挡反射导致的多径效应以及传感器节点分布较广引起的信号衰减。信道自适应选择是基础策略之一，网络协调器通过实时扫描2.4GHz频段16个可用信道的干扰强度，自动将数据传输切换至干扰最低的信道，减少同频干扰影响。直接序列扩频技术可有效抵抗窄带干扰，该技术将原始信号与伪随机噪声码相乘，使信号频谱扩展至较宽频段，接收端通过相同伪随机噪声码解扩恢复原始信号，即使部分频段受干扰，仍能通过其余频段获取完整数据。差错控制编码是保障数据传输准确性的关键，采用循环冗余校验（CRC）对传输数据生成固定长度的校验码，接收端通过校验码验证数据完整性，若发现错误则请求发送端重传，降低误码率。动态功率控制策略通过调整传感器节点的发射功率，在保证接收端信号强度的前提下减少能耗，当接收信号强度指示（RSSI）较高时降低发射功率，当RSSI较低时提高发射功率，平衡传输质量与节点续航能力。

（三）边缘计算在数据处理中的应用

边缘计算技术通过在靠近数据采集源的边缘节点进行本地数据处理，有效解决了传统云端处理模式下的传输延迟和带宽占用问题，适用于智能施工监测的实时性需求。边缘节点通常部署在施工现场的网关设备或小型服务器中，具备数据筛选、特征提取和实时决策的能力。数据筛选是边缘计算的首要任务，通过预设规则剔除冗余数据，在环境温湿度监测中，当连续5min数据波动小于±0.5℃（温度）或±2%（湿度）时，仅保留首末时刻数据以减少上传至云端的数据量。特征提取环节从原始数据中提取关键监测指标，对结构应力数据计算峰值、谷值和变化率，对振动数据进行傅里叶变换得到主频特征，这些特征参数既能反映监测对象的状态，又大幅压缩了数据规模。实时预警是边缘计算的核心功能，当边缘节点检测到监测参数超过安全阈值（应力超过材料屈服强度的80%）时，立即触发本地声光报警装置，并同步将预警信息推送至现场管理终端，无须等待云端分析结果，显著缩短响应时间。经边缘处理后的关键数据和特征参数再周期性上传至云端平台，用于长期趋势分析和历史数据存储，实现实时监测与深度分析的协同优化。

第三节　CV 与智能安全监管

一、计算机视觉（CV）技术在安全监管中的应用基础

（一）图像与视频数据的采集设备

1. 采集设备的类型与核心技术参数

常见的图像与视频采集设备包括模拟摄像机、数字摄像机和特种传感器三大类。模拟摄像机通过同轴电缆传输视频信号，成本较低但画质受限，目前在老旧监管系统中仍有应用；数字摄像机包括 USB 摄像机、GigE 摄像机等，采用数字信号传输，支持更高分辨率和帧率，网络摄像机（IP 摄像机）因支持远程访问和网络化管理，成为智能建筑安全监管的主流选择。特种传感器包括红外摄像机和热成像仪，能够在低光照、烟雾或粉尘环境下有效成像，适用于夜间监控或火灾隐患检测等特殊场景。核心技术参数方面，分辨率决定图像细节的丰富程度，主流设备已从 1080P 向 4K 甚至 8K 演进；帧率影响动态目标捕捉能力，一般场景下 25fps 即可满足需求，高速运动区域需提升至 30fps 以上；视场角由镜头焦距决定，广角镜头适用于大范围监控，长焦镜头用于远距离细节观察；低照度性能通常以最低照度值（0.01lx）衡量，值越低说明在昏暗环境下的成像能力越强；动态范围通过 HDR（高动态范围）技术实现，可清晰呈现强光和阴影区域的细节，避免过曝或欠曝导致的信息丢失。

2. 设备部署策略与环境适应性设计

设备部署需基于智能建筑的空间结构和监管重点区域进行规划。首先是安装位置选择，出入口、电梯轿厢、高空作业平台、材料堆放区等关键区域需优先覆盖，制高点如塔吊、楼顶可部署全景摄像机实现大范围监控，而狭窄通道或设备机房则需采用固定焦距镜头确保细节清晰。覆盖范围规划需通过现场勘查确定，

避免监控盲区，镜头焦距与安装高度的匹配关系也需纳入考量，高度 5m 的走廊安装摄像机时，选择 2.8mm 焦距镜头可获得约 90°视场角，覆盖宽度约 8m。环境适应性设计是确保设备长期稳定运行的关键，高温环境下需选用具备散热结构的设备，或加装散热风扇；潮湿环境需满足 IP66 及以上防水等级，防止水汽侵入；粉尘较多的工地则需配置防尘罩，并定期清洁镜头。此外，多设备协同采集时需进行时间同步和空间标定，通过 NTP（网络时间协议）服务器实现时间同步误差小于 100ms，采用张正友标定法完成摄像机内外参数校准，确保不同设备采集的视频流在时空上保持一致性，为后续多视角目标跟踪和行为分析提供基础。

（二）主流深度学习模型架构

卷积神经网络（CNN）是计算机视觉领域应用最广泛的深度学习模型，其核心在于通过卷积层、池化层和全连接层的组合实现空间特征的层级提取。卷积层采用可学习的卷积核对输入图像进行滑动窗口运算，提取局部特征包括边缘、纹理和形状；池化层通过下采样操作（最大池化、平均池化等）减少特征图尺寸，降低计算量并增强平移不变性；全连接层则将高层特征映射到输出类别或回归目标。在图像分类任务中，ResNet 模型通过引入残差连接解决深层网络训练中的梯度消失问题，能够构建数百层甚至上千层的网络，提升特征表达能力；VGG 模型则采用小尺寸卷积核和连续卷积操作，加深网络深度的同时保持参数数量可控。目标检测是智能建筑安全监管的核心任务，Faster R-CNN 模型通过区域建议网络（RPN）生成候选目标区域，再对每个区域进行分类和边界框回归，实现高精度检测；YOLO 模型采用端到端的回归方法，将图像划分为网格并直接预测目标类别和边界框，检测速度显著提升，满足实时监管需求；SSD 模型结合多尺度特征图进行检测，在不同尺度的特征图上预测目标，有效提升小目标（包括远处人员、小型设备）的检测效果。循环神经网络（RNN）及长短期记忆网络（LSTM）适用于视频序列数据的处理，通过记忆单元捕捉时间维度的依赖关系。在行为识别任务中，LSTM 能够对人员的连续动作（包括攀爬、跌倒、违规操作等）进行时序建模，结合 CNN 提取的空间特征，实现时空联合特征学习，提升行为分类的准确性。Transformer 模型近年来在计算机视觉领域快速发展，其核心是自注意力机制，能够建模图像中任意两个像素之间的依赖关系，捕捉全局特征。在长序列视频分析中，Transformer 通过对视频帧序列的自注意力计算，有效识别跨帧的行为模式，适用于智能建筑中长时间跨度的安全事件（包括持续的违规作业、缓慢的火灾蔓延）检测。

二、智能安全监管系统的关键技术

（一）目标检测与跟踪技术

1. 目标检测技术原理

目标检测技术通过对监控图像或视频帧进行特征提取与模式匹配，实现对行人、施工机械、安全防护装备等目标的类别判断和位置定位。常用的算法包括基于深度学习的单阶段检测算法和双阶段检测算法，单阶段检测算法直接通过网络回归目标的类别概率和位置坐标，具有较快的检测速度；双阶段检测算法先生成可能包含目标的候选区域，再对候选区域进行分类和位置精修，检测精度较高。目标检测技术需要在复杂背景、光照变化、目标遮挡等场景下保持稳定的识别性能，确保监管系统能够准确捕捉现场所有关键目标。

2. 目标跟踪算法优化

目标跟踪算法在目标检测结果的基础上，通过建立目标运动模型和外观模型，实现对同一目标在连续视频帧中的身份关联和轨迹追踪。传统的跟踪算法包括卡尔曼滤波、粒子滤波等，通过数学模型预测目标运动状态，而基于深度学习的跟踪算法则通过提取目标的深度特征来提升遮挡情况下的跟踪鲁棒性。为适应建筑场景中目标快速移动、频繁遮挡等特点，跟踪算法需要优化特征表示方式和数据关联策略，确保目标轨迹的连续性和准确性，为后续的行为分析提供完整的目标运动数据。

（二）行为分析与异常识别算法

1. 行为特征提取方法

行为特征提取是行为分析的前提，通过从目标轨迹、姿态变化、交互关系等多维度提取能够表征行为本质的特征信息。轨迹特征包括目标的运动速度、方向、加速度等动态参数；姿态特征通过人体关键点检测获取人体各部位的空间位置关系，反映人的动作状态；交互特征则关注多个目标之间的相对位置和运动关联性，人员聚集、碰撞预警等场景均依赖此类特征。特征提取需要兼顾时域和空域信息，通过时空特征融合技术提升行为描述的完整性和准确性。

2. 异常模式识别算法

异常模式识别算法通过建立正常行为模型，将实时提取的行为特征与正常模型进行比对，当偏差超过设定阈值时判定为异常行为。正常行为模型的构建可采用统计学习方法，通过对大量正常行为样本的特征统计，建立特征分布模型；也可采用深度学习方法，通过自编码器、生成对抗网络等模型学习正常行为的特征表示，异常行为因无法被正常模型准确重构而被识别。异常识别算法需要具备较强的泛化能力，能够适应不同场景下的安全规范要求，通过动态更新模型参数提升对新类型异常行为的识别能力。

（三）多摄像头协同监管机制

1. 多摄像头空间标定技术

多摄像头空间标定技术用于建立不同摄像头之间的空间坐标转换关系，实现目标在多摄像头视场中的空间位置统一。通过对摄像头内外参数的标定，获取摄像头的焦距、主点坐标、畸变系数等内参数，以及摄像头之间的旋转矩阵和平移向量等外参数。基于标定结果，可将不同摄像头拍摄的图像映射到统一的世界坐标系中，实现目标位置的跨摄像头一致性表示，为后续的目标跟踪和行为分析提供空间基准。

2. 跨摄像头数据关联与融合

跨摄像头数据关联与融合技术解决不同摄像头视场中目标的身份匹配和信息

互补问题。目标从一个摄像头的视场移动到另一个摄像头的视场时，通过比对目标的外观特征、运动轨迹等信息，实现目标身份的跨摄像头连续关联。数据融合通过整合多个摄像头对同一目标的观测数据（位置、速度、行为等），提升目标信息的准确性和完整性。融合方法包括基于概率模型的融合算法和基于深度学习的特征融合算法，多源信息的互补性可减少单一摄像头感知的不确定性。

3. 协同监管任务分配策略

协同监管任务分配策略根据各摄像头的感知能力、负载状态和监管区域的安全优先级，动态分配监控任务，优化系统资源配置。当某一区域出现异常行为或重点监管目标时，系统可自动调整相关摄像头的焦距、帧率等监控参数以提升该区域的感知精度，并将非关键区域的摄像头资源分配给其他需要重点监控的区域，实现全局监管效能的最大化。任务分配策略需要综合考虑实时性和资源约束，通过动态规划或强化学习等方法优化任务分配方案。

（四）系统的智能化决策支持功能

1. 安全风险等级评估模型

安全风险等级评估模型通过综合分析目标行为的危险程度、环境因素的影响以及历史安全事故数据，对当前监管场景的安全风险等级进行量化评估。评估指标包括异常行为的类型、发生频率、影响范围，以及现场环境中的危险因素，包括高空作业区域、易燃易爆物品存放位置等。通过层次分析法、模糊综合评价法等数学模型对各指标进行加权计算，得出风险等级，为后续的预警和响应提供决策依据。

2. 实时预警与响应策略生成

实时预警与响应策略生成模块根据风险等级评估结果，自动生成相应的预警信息和处置策略。当风险等级较低时，系统可发出轻微预警，提醒管理人员关注；当风险等级较高时，系统立即发出紧急预警，并生成具体的响应措施，包括启动声光报警装置、通知现场安保人员前往处置、调取相关区域的实时视频画面。响应策略的生成需要结合现场的资源配置和应急预案，确保措施的可行性和有效性。

3. 多系统联动控制逻辑

多系统联动控制逻辑实现智能安全监管系统与建筑其他智能化系统的协同工作，提升安全管控的整体效能。当监管系统检测到异常情况时，可通过联动控制逻辑触发门禁系统关闭相关通道、启动消防系统进行初期火灾控制、调整照明系统增强异常区域的光照强度。联动控制逻辑需要建立标准化的接口协议和数据交互机制，确保不同系统之间的信息传递和控制指令执行的准确性和实时性，形成全方位的安全防控网络。

三、典型安全隐患的识别与监管

典型安全隐患的识别与监管见表 3-1。

表 3-1　典型安全隐患的识别与监管

隐患类型	核心技术	监测设备	算法模型	预警机制	处置措施
人员违规行为	目标检测 姿态估计 特征识别	高清球机 AI 摄像头	YOLOv7 OpenPose	实时声光报警 违规记录存档	现场纠正 安全培训
特种设备异常	图像分割 运动跟踪 特征匹配	工业摄像头 红外线热像仪	Mask R-CNN Kalman 滤波	设备停机指令 维保提醒	紧急制动 检修维护
危险区域入侵	背景差分 目标分类 轨迹预测	全景摄像头 激光雷达	Faster R-CNN DeepSORT	分级预警 自动拦截	声光驱离 设备锁止

第四节　RFID 与智慧工地

一、RFID 技术在智慧工地中的应用原理

（一）RFID 标签的分类与性能参数

RFID 标签（射频识别标签）作为智慧工地信息感知的基础载体，其分类方

式和性能参数直接影响应用效果。标签的分类需结合工地实际需求从多维度划分。按供电方式可分为无源标签、有源标签和半有源标签。无源标签无须内置电池，通过接收读写器发射的射频信号获取能量并返回信息，具有成本低、体积小、使用寿命长的特点，适合对周转材料、钢筋、模板等的标识；有源标签内置电池，能主动发射信号，读取距离可达数十米，适合大型施工设备如塔吊、挖掘机的追踪管理；半有源标签则结合二者优势，平时处于休眠状态，被唤醒后主动发送信息，兼顾能耗与识别距离。按工作频率可分为低频标签、高频标签、超高频标签和微波标签。低频标签工作频率在125~134kHz，穿透性强但读取距离短，适用于金属环境下的设备标识；超高频标签工作频率在860~960MHz，读取距离远且识别速度快，但易受遮挡物影响，常用于材料仓库的批量识别。

标签的性能参数是衡量其适用性的关键指标。读取距离是首要参数，受标签类型、读写器功率及环境因素共同影响，工地中无源标签读取距离一般为0.1~3m，有源标签则可达10~100m。存储容量需满足工地信息存储需求，通常为64B~4kB，应包含对象唯一标识、类型、所属单位、进场时间等基础信息。环境适应性指标涵盖工作温度、防水防尘等级及抗冲击能力。考虑到工地环境复杂，标签需耐受-20~70℃的温度范围，具备IP67及以上防水防尘等级，以应对雨水、粉尘和机械碰撞。防碰撞能力指标签在多标签同时存在时的识别效率。采用ALOHA算法（防碰撞算法）或二进制搜索算法的标签可提升此效率，实现数十~数百个标签的同时识别，满足工地材料集中进场时的批量识别需求。

（二）读写器的工作方式与部署策略

读写器是RFID系统的核心交互设备，通过射频信号与标签通信并实现数据传输。其工作方式需适应智慧工地的动态环境。通信机制采用询问—响应模式，读写器周期性发射载波信号，标签进入磁场后被激活，通过负载调制技术将存储信息反射回读写器，完成信息交互。多标签识别技术是提升效率的关键，主要采用时分多址技术，读写器通过发送查询命令为标签分配独立时间槽，标签在指定时间槽内响应，避免信号冲突；部分超高频读写器采用动态帧时隙ALOHA算法，可根据标签数量动态调整帧长度，进一步优化识别速度。

读写器的部署策略需结合工地空间布局和管理需求综合设计。部署位置选择应覆盖关键管控节点，材料仓库入口部署固定式读写器以实现材料进场与出场的自动记录，施工电梯、塔吊等特种设备旁安装读写器以监测设备运行状态及操作人员资质，人员通道处部署读写器以追踪施工人员进出特定区域的情况。设备类型选择需考虑使用场景，长期稳定监测区域宜采用固定式读写器，其工业级设计支持连续工作；临时巡检或移动作业则适用手持式读写器，其便携性和离线存储功能允许在网络信号弱区域使用后同步数据。环境适配措施不可忽视，由于工地存在大量金属结构和电磁设备，读写器安装时需远离电焊机、变压器等强电磁干扰源，必要时采用金属屏蔽罩或定向天线减少信号反射；露天环境下，读写器须具备防雨、防晒、防腐蚀性能，安装高度和角度需根据识别范围调整，确保标签在有效区域内被稳定读取。

（三）数据编码与信息安全保障

数据编码是确保 RFID 标签信息准确解析的基础，需遵循统一规范以实现跨系统兼容。编码标准通常采用国际通用的 EPC Global 编码体系，该体系包含标头、滤值、分区和序列号四个部分，标头标识编码版本和类型，滤值用于快速过滤特定类别标签，分区字段可自定义分配给不同项目或单位，序列号则确保每个标签的全球唯一性。在智慧工地中，编码内容需包含对象类型编码，“01”代表钢筋、“02”代表模板、“03”代表施工设备等；所属单位编码采用企业统一社会信用代码前 6 位；时间编码精确到分钟，记录对象进场或状态变更时间；状态编码用一位数字表示，“0”表示未使用、“1”表示使用中、“2”表示已报废。这种结构化编码方式可使后台系统通过简单解析快速获取对象关键信息，提升数据处理效率。

信息安全保障是 RFID 技术在智慧工地应用的重要前提，需从数据传输、标签认证和访问控制等多层面构建防护体系。数据传输加密采用 SSL/TLS 协议，读写器采集的标签数据在通过有线或无线网络传输至本地服务器前，对数据包进行加密处理，防止传输过程中被非法拦截和篡改。标签认证机制通过物理不可克隆函数实现，每个标签内置唯一的物理随机电路，读写器发送随机挑战信号，标签根据自身电路特性生成响应，只有通过认证的标签才能被读取，有效防范伪造标签混入系统。数据访问控制建立分级权限管理体系，系统管理员拥有最高权限，可配置用户角色和操作权限；项目经理可查看所有区域数据但仅能修改部分参数；施工班组人员仅能访问本班组相关设备和材料数据，通过权限隔离避免未授权数据操作，保障工地信息的机密性和完整性。

（四）RFID与其他物联网技术的融合

RFID技术在智慧工地中的应用需与其他物联网技术协同工作，通过功能互补提升整体智能化水平。与无线传感器网络的融合是常见方式，RFID标签负责提供设备或材料的身份标识，无线传感器节点则采集环境或设备状态数据，二者结合实现“身份-状态”一体化监测。混凝土养护中，RFID标签标识每批次混凝土的编号和浇筑时间，部署在养护区域的温湿度传感器实时采集环境数据，系统将标签信息与传感器数据关联，自动判断养护条件是否达标，确保混凝土强度符合设计要求。这种融合方式解决了单一技术难以同时实现身份识别和状态监测的问题，提升了工地精细化管理能力。

与定位技术的融合可提升位置管理精度，满足不同场景需求。RFID技术在近距离（1~10m）范围内定位精度较高，但大范围覆盖能力有限；GPS技术适合户外大范围定位，但精度较低（通常为1~10m）。二者融合后，在工地核心施工区域部署RFID定位基站可实现人员和设备的亚米级的精确定位，在工地边缘或场外运输路线采用GPS定位能获取大致位置信息，系统通过数据融合算法整合两种定位数据，既满足关键区域高精度管理需求，又可实现全区域位置追踪。RFID与云计算平台的融合为数据深度应用提供支撑，读写器采集的标签数据经边缘计算节点预处理后上传至云端数据库，云计算平台利用大数据分析技术挖掘历史数据，可实现设备利用率统计、材料消耗趋势预测、人员活动轨迹分析等高级应用，为工地进度管理、成本控制和安全预警提供数据支持，推动智慧工地从信息采集向决策支持转型升级。

二、智慧工地管理系统的架构设计

（一）感知层的设备选型与部署

感知层作为智慧工地数据采集的基础层级，其设备选型与部署直接影响系统数据采集的准确性和全面性。设备选型需遵循可靠性、兼容性和环境适应性三大原则。可靠性要求设备能够在工地复杂环境下稳定工作，RFID 读写器须具备抗电磁干扰能力，传感器需达到 IP65 及以上防尘防水等级，以应对施工过程中的粉尘、水汽等影响。兼容性方面，设备需支持主流数据传输协议，确保与后续网络层和平台层的无缝对接，预留扩展接口，便于未来新增设备的接入。环境适应性设计则需考虑工地的温度变化、振动强度等因素，选择宽温工作范围的设备，避免因环境波动导致数据采集中断。

部署策略需结合工地实际场景进行规划。覆盖范围规划应确保施工区域、材料堆放区、人员出入口、机械设备停放区等关键区域无数据采集盲区，可通过现场勘查确定设备安装点位，必要时采用多设备交叉覆盖的方式提高数据采集冗余度。安装位置优化需避免遮挡物对信号传输的影响，RFID 天线应安装在开阔位置，避免金属结构遮挡射频信号；传感器安装高度需根据监测目标调整，人员定位传感器应安装在离地 1.5~2m 高度，以确保定位精度。供电与维护设计优先选择低功耗设备，采用电池供电结合太阳能充电的方式，减少布线成本，制订定期维护计划，确保设备持续稳定运行。

（二）网络层的通信协议与数据传输

网络层承担感知层数据向平台层传输的功能，其通信协议的选择和数据传输机制的设计直接关系到数据传输的实时性、安全性和稳定性。通信协议的选择需根据数据传输距离和业务需求进行适配。近距离通信可采用 RFID 专用协议（ISO 15693、ISO 14443）实现读写器与标签的数据交互，蓝牙或 ZigBee 协议用于短距离传感器组网；远距离通信则可选用 NB-IoT 或 LoRa 协议，适用于低速率、广覆盖的场景，工地环境参数远程监测便适用此类协议；对于高清视频流等高速率数据传输，可采用 Wi-Fi 或 5G 协议，满足实时监控需求。协议的兼容性与标准化是确保不同设备间通信的关键，需统一采用行业通用协议，避免因协议碎片化导致的数据孤岛问题。

数据传输机制需重点保障实时性和安全性。实时性保障可通过设置数据传输优先级实现，将人员定位、设备运行状态等关键数据标记为高优先级，采用优先级队列调度算法优先传输，确保管理人员能够及时获取重要信息；环境监测等非实时数据可采用批量传输方式降低网络负载。安全性措施包括数据加密和身份认证，数据在传输前需通过 AES 算法进行加密处理，防止数据被窃取或篡改；通信节点需进行双向身份认证，只有通过认证的设备才能接入网络，避免非法设备入侵导致的数据泄露或网络攻击。

（三）平台层的功能模块与服务架构

平台层是智慧工地管理系统的核心处理中枢，通过功能模块的协同工作实现数据的接入、存储、分析与应用支撑。核心功能模块设计需覆盖数据全生命周期管理需求。数据接入模块负责接收来自网络层的多源数据，支持 RFID 数据、传感器数据、视频流数据等多种类型数据的接入，并通过数据清洗与格式转换，将原始数据标准化为统一格式。数据存储模块采用分布式数据库架构，结合关系型数据库存储结构化数据和非关系型数据库存储非结构化数据，实现海量数据的高效存储与快速检索。数据分析模块集成人工智能算法与数据挖掘技术，通过对历史数据和实时数据的分析，实现施工进度预测、安全风险预警、资源利用率优化等功能，基于 RFID 设备定位数据和施工计划数据的分析可评估设备闲置率并生成调度建议。

服务架构采用云边协同与微服务相结合的模式。云边协同架构中，边缘节点部署在工地现场，负责处理实时性要求高的数据（设备异常告警），通过本地计算快速响应；云端平台则进行大规模数据存储和深度分析（月度施工效率评估），实现全局资源优化。微服务架构将平台功能拆分为独立的服务单元（数据接入服务、数据分析服务、用户管理服务），各服务单元可独立开发、部署和扩展，当某一服务需要升级或出现故障时，不会影响其他服务的正常运行，提高了系统的灵活性和可靠性。

（四）应用层的用户界面与操作流程

应用层面向不同用户群体提供具体的管理功能，其用户界面设计和操作流程需以用户需求为核心，确保操作便捷性和功能实用性。用户界面设计遵循角色差异化原则，根据用户角色的职责需求定制界面内容。项目经理界面侧重全局数据展示，通过数据看板呈现施工进度、安全指标、资源消耗等关键信息，支持多维度数据钻取分析；安全监督员界面突出安全告警功能，实时显示施工现场的安全隐患位置和类型，并提供历史告警查询功能；施工人员界面则简洁直观，主要展示个人任务清单、作业指导书和安全注意事项，减少冗余信息干扰。交互简洁性设计需简化操作步骤，采用图形化界面替代复杂的文字输入，点击地图上的设备图标可直接查看设备状态，下拉菜单能快速切换数据展示维度。

典型操作流程设计需符合工地管理实际业务场景。数据查询流程支持多条件组合查询，用户可通过选择时间范围、数据类型、区域位置等条件快速检索所需数据，查询结果以表格、图表等多种形式展示，并支持数据导出功能。报警处理流程实现报警信息的自动推送与闭环管理，当系统监测到人员进入危险区域、设备运行参数超标等异常数据时，自动向相关责任人发送手机 APP 推送、短信提醒等报警通知，责任人处理完成后在系统中录入处理结果，形成“报警生成—通知—处理—反馈”的闭环流程，确保每个安全隐患都能得到及时处理。

三、RFID 技术的关键应用模块

（一）人员与物资的定位追踪

RFID 技术在人员与物资的定位追踪中通过标签与读写器的协同工作实现动态监控。为施工现场人员配备内置 RFID 芯片的身份标识卡，标签类型根据定位需求选择有源或无源模式，有源标签通过主动发射信号覆盖更大范围，适用于大型工地的区域定位，无源标签依赖读写器的射频能量激活，适合近距离的精确识别。施工现场关键区域部署的固定式读写器实时接收标签信号，结合信号强度算法或多读写器三角定位原理，确定人员的实时位置坐标，系统可显示人员在各施工区域的分布密度，为人员调配和应急疏散提供数据支持。

对于施工物资的定位追踪，在物资进场时为材料、构件或工具附着 RFID 标签，标签内写入物资的类型、规格、数量及进场时间等基础信息。物资运输路径的关键节点设置读写器，当物资经过时自动识别标签信息并更新至管理系统，实时记录物资的位置变化。管理人员通过系统可随时查询特定物资的当前位置和流转轨迹，避免因物资丢失或错放导致的施工延误，为物资库存管理和调度计划提供准确的位置数据。

（二）施工材料的全生命周期管理

施工材料的全生命周期管理涵盖采购、入库、存储、出库、使用及回收等环节，RFID 技术通过标签信息的全程关联实现各环节的无缝衔接。其应用始于采购环节：供应商为出厂材料附加 RFID 标签，写入采购订单号、材质证明编号及生产批次等信息，材料运抵施工现场后，入库区域的读写器自动读取标签信息，与管理系统中的采购订单数据比对，完成入库验收的自动化操作，生成电子入库记录，减少人工核对的时间成本和错误率。

在存储阶段，RFID 标签与仓库环境传感器联动，实时监控材料的存储状态。标签记录材料的存储位置编码，关联温湿度传感器采集的数据，当存储环境超出材料要求范围时，系统自动发出预警，包括钢材存储的湿度超标提醒、混凝土预制件的养护温度异常警报。材料出库时，出库区域的读写器识别标签信息，记录领用班组、出库时间和使用部位，同步更新系统库存数据，确保库存信息的实时准确性，避免库存积压或短缺问题。

在使用阶段，RFID 技术通过施工部位部署的读写器对材料使用状态进行追踪。当材料被用于具体施工环节时，标签信息被读取并记录使用位置和时间，结合施工进度计划，系统分析材料实际消耗速度与计划消耗速度的差异，及时调整材料供应计划。模板、脚手架等周转材料的标签记录其周转次数、维修记录和当前状态，帮助管理人员判断材料的可复用性，优化周转材料的调配频率，降低材料浪费和采购成本。

（三）机械设备的调度与维护管理

机械设备的调度管理通过 RFID 技术实现位置与状态的实时采集，具体做法是为每台设备安装工业级 RFID 标签，这类标签不仅具备耐高温、抗干扰特性，还能存储设备型号、额定功率、当前操作人员等信息。施工现场部署的读写器实时接收设备标签信号，将位置数据传输至调度管理平台，后者根据施工任务需求和设备实时位置，自动规划最优调度路径，减少设备在不同施工区域间的空驶时间，提高设备的台班利用率。系统记录设备的工作时长和任务完成情况，分析设备负载率，避免部分设备过载运行而其他设备闲置的不均衡问题。

在维护管理方面，RFID 标签内预先写入设备的维护计划参数。设备运行过程中，管理系统通过读写器读取标签信息，累计设备的实际运行时间或工作次数，与预设的维护周期阈值进行比对。达到维护触发条件时，系统自动生成维护工单并发送提醒，通知管理人员安排维护工作。每次维护完成后，维护人员通过手持读写器更新标签内的维护记录，诸如维护项目、更换部件型号、维护人员姓名等，形成完整的设备维护档案，为设备的全生命周期性能评估提供数据支持。

（四）施工现场的门禁与考勤管理

门禁权限控制通过 RFID 技术实现人员进出的分级管理，为不同身份人员发放带有唯一标识的 RFID 门禁卡，包括施工人员卡、管理人员卡、访客临时卡等。施工现场的入口、出口及各功能区域（包括基坑作业区、高空作业平台）设置 RFID 门禁读写器，当人员刷卡时，读写器读取标签内的身份信息，与管理系统中的权限数据库比对。具备相应区域权限的人员可自动通过门禁，未授权人员则触发门禁拦截机制，系统同步记录异常访问事件，包括未授权人员的标签信息和尝试进入时间，提升施工现场的安全管控水平。

考勤数据自动采集环节，施工现场主要出入口部署的 RFID 考勤读写器可自动识别人员佩戴的标签，无须主动刷卡操作。当人员进出工地时，读写器通过射频信号读取标签信息，记录其进出时间并传输至管理系统。系统将采集到的时间数据自动汇总，生成每位人员的日考勤记录，包括出勤时长、迟到早退情况、旷工天数等，并支持周考勤和月考勤报表的自动生成。这种自动化考勤方式可减少人工记录的工作量，避免代打卡等作弊行为，确保考勤数据的准确性和实时性，为薪资结算和人员绩效管理提供了可靠依据。

第五节　ICT 技术与智能运维

一、ICT 技术在智能运维中的体系构成

（一）信息通信网络技术

1. 网络架构设计

智能运维中的信息通信网络技术首先依赖于合理的网络架构设计。这一架构需要覆盖建筑运维的各个环节，包括设备层、数据层和应用层的互联互通。传统的星型、总线型拓扑结构在智能建筑中已难以满足多设备并发通信的需求，多采用分层分布式架构，通过核心层、汇聚层和接入层的协同工作，实现数据的高效传输和网络的可靠运行。核心层负责数据的高速转发和路由决策，汇聚层承担区域内数据的汇聚与处理，接入层则直接连接各类运维设备和传感器，形成覆盖整个建筑的通信网络。这种分层架构不仅提高了网络的可扩展性，还能通过各层的独立功能设计来降低单点故障对整体网络的影响。

2. 数据传输协议标准

数据传输协议是确保信息在网络中准确传递的关键。在智能运维场景中，涉及设备类型多样、数据格式各异，需采用标准化的传输协议。常用协议中，TCP/IP 协议族作为基础网络协议，保障数据在不同网络节点间的可靠传输；Modbus 协议适用于工业控制领域的设备通信，实现传感器与控制器之间的简单数据交换；BACnet 协议专门针对楼宇自动化系统，支持暖通空调、照明等设备的监控数据传输。这些协议的协同应用，确保不同厂商、不同类型设备之间的数据互通，为智能运维提供统一的数据传输基础。协议的标准化便于后期系统的升

级和扩展，减少因协议不兼容导致的运维成本增加。

3. 网络带宽与延迟控制

智能运维过程中会产生大量实时数据，包括设备运行状态监测数据、环境参数采集数据等，对网络带宽和延迟提出了较高要求。网络带宽的设计需要根据设备数量、数据采集频率和数据量进行估算，通常采用光纤作为主干传输介质，以提供大容量的数据传输能力；接入层则可根据设备位置和传输需求，选择无线或有线方式，平衡带宽与部署灵活性。延迟控制通过优化路由算法、减少数据转发节点、采用边缘计算技术等方式将部分数据处理任务下沉到网络边缘，降低数据传输的往返时间，确保实时监控和控制指令的及时响应。合理的带宽分配和延迟控制策略，是保障智能运维系统实时性和稳定性的重要前提。

（二）云计算与大数据技术

1. 云平台服务架构

云计算技术为智能运维提供了强大的计算和存储支持，其服务架构主要包括IaaS、PaaS和SaaS三个层次。IaaS层提供虚拟化的计算资源、存储资源和网络资源，智能运维系统可通过租用或自建私有云的方式，获取弹性扩展的硬件资源，避免传统物理服务器的资源浪费和扩展限制。PaaS层提供面向开发的平台环境，包括数据库服务、中间件服务和开发工具等，支持运维应用的快速开发和部署。SaaS层则直接提供成熟的运维管理软件，包括设备监控系统、能耗分析系统等，用户可通过浏览器或客户端直接使用，降低系统建设和维护成本。这种分层服务架构使得智能运维系统能够根据实际需求灵活选择服务模式，提高资源利用效率。

2. 大数据存储与处理技术

智能建筑运维过程中产生的数据具有量大、类型多、速度快的特点，传统的关系型数据库难以满足存储和处理需求，需采用大数据技术。在数据存储方面，分布式文件系统用于存储非结构化和半结构化数据，包括设备运行日志、图像监控数据；NoSQL数据库适用于存储高并发写入的结构化数据，支持灵活的数据模型和水平扩展。数据处理技术方面，批处理框架用于对历史数据进行离线分析，挖掘长期运行规律；流处理框架用于对实时数据进行实时计算，实现设备异常的即时检测和预警。大数据存储与处理技术的应用，使得智能运维系统能够高效管理和分析海量运维数据，为决策提供数据支持。

3. 数据价值挖掘与应用

云计算与大数据技术的核心价值在于对海量运维数据的深度挖掘和应用。通过大数据分析技术，从设备运行数据中提取设备健康状态特征、建立设备故障预测模型，可提前发现潜在故障并安排维护，减少停机时间；从能耗数据中分析能源消耗规律，结合环境因素和使用需求优化设备运行策略，能够实现节能降耗；从空间使用数据中了解建筑空间的利用效率，可为空间调整和优化提供依据。数据价值的挖掘促使智能运维从被动响应转向主动预测，提升了运维的智能化水平和管理效率。数据价值的持续挖掘将推动运维模式的创新，形成基于数据驱动的智能运维新范式。

（三）人工智能与机器学习技术

1. 智能决策支持系统

人工智能技术在智能运维中的核心应用之一是构建智能决策支持系统。该系统通过整合多源运维数据，利用知识图谱技术构建运维领域的知识模型，将设备参数、故障案例、维护规程等知识结构化存储，形成可复用的知识资源。当运维过程中出现问题时，系统能够基于知识图谱进行推理分析，快速定位问题原因，并给出最优的解决方案建议。结合专家经验和历史决策数据，系统不断优化决策模型，提高决策的准确性和可靠性，辅助运维人员实现科学决策，减少人为判断失误。智能决策支持系统的应用，有效提升了运维决策的效率和质量，降低了对运维人员经验的依赖。

2. 机器学习算法在运维中的应用

机器学习算法为智能运维提供了数据分析和模式识别的关键技术手段。监督学习算法中，支持向量机、随机森林常用于设备故障分类和预测，通过对历史故障数据和设备运行特征数据的训练，建立故障预测模型，实现对设备未来状态的预测。无监督学习算法中聚类分析可用于对设备运行状态数据进行分类，识别正常状态与异常状态的差异，发现潜在的故障隐患。强化学习算法则通过与运维环境的交互，不断学习最优的运维策略，动态调整设备运行参数以实现能耗最低化，或优化维护调度计划以最小化维护成本。不同机器学习算法的组合应用，能够满足智能运维中多样化的数据分析需求。

3. 模型训练与优化机制

机器学习模型的性能直接影响智能运维的效果，建立完善的模型训练与优化机制十分必要。在数据准备阶段，需要对采集到的运维数据进行清洗、去噪和特征工程处理，确保数据质量，提取有效的特征变量。模型训练过程中，采用交叉验证等方法评估模型性能，选择合适的算法和参数组合。模型部署后，通过实时监测模型的预测准确率和误判率，定期使用新产生的运维数据对模型进行重新训练和更新，避免模型因数据分布变化而性能下降。结合迁移学习技术，将在其他类似建筑中训练好的模型参数迁移到新的智能运维系统中，能够减少模型训练的时间和数据需求，加快系统部署速度。持续的模型训练与优化是保证机器学习算法长期有效应用于智能运维的重要保障。

（四）物联网与传感技术的集成应用

1. 多类型传感器网络部署

物联网与传感技术是智能运维获取物理世界数据的基础，需依据运维需求部署多类型传感器网络。建筑设备监测中，部署温度、湿度、振动等传感器，实时采集空调机组、水泵、电梯等设备的运行参数；环境监测时，借助空气质量、光照、噪声等传感器监测室内外环境质量；安防监测环节，通过红外、门禁传感器及视频摄像头保障建筑安全。传感器部署需综合考量监测范围、精度要求与安装位置，采用有线与无线结合的方式，构建覆盖建筑各区域的感知网络，以确保数据采集的全面性和准确性。合理的传感器网络部署是实现智能运维数据驱动的基础。

2. 感知数据融合与处理

来自不同类型传感器的数据具有不同的特征和精度，需要进行数据融合与处理才能为智能运维提供有效支持。数据融合技术包括低层数据融合和高层数据融合。低层数据融合主要解决传感器数据的时空一致性问题，通过时间同步和空间坐标转换，将不同传感器在同一时刻、同一位置的数据进行关联；高层数据融合则通过对多传感器数据的特征提取和综合分析，提高数据的可靠性和信息的完整性，将温度传感器和振动传感器的数据融合可更准确地判断电机的运行状态，将视频图像数据与红外传感器数据融合能提高安防监测的准确性、减少误报。感知数据的有效融合与处理，能够提升数据的利用价值，为智能运维决策提供更全面的依据。

3. 物联网设备协同控制

物联网与传感技术的集成应用不仅体现在数据采集上，还包括基于感知数据的设备协同控制。通过物联网网关将各类传感器和执行设备连接到统一的网络平台，实现感知层与控制层的双向通信。当传感器监测到异常数据时，系统能够自动向相关执行设备发送控制指令，实现设备的协同响应，如室内温度传感器检测到温度过高时，系统可自动调节空调的运行模式和风速；烟雾传感器检测到火灾信号时，系统可联动关闭相关区域的电源，启动排烟设备，并打开应急照明。这种设备协同控制机制，实现了智能运维的自动化和智能化，提高了建筑的安全性和舒适性。设备协同控制的高效性直接影响智能运维系统的整体性能和用户体验。

二、智能运维平台的设计与实现

智能运维平台的设计与实现见表3-2。

表3-2 智能运维平台的设计与实现

架构层级	核心组件	关键技术	功能实现
感知层	传感器/智能仪表/嵌入式设备	工业协议转换/边缘计算	设备状态实时采集
网络层	有线以太网/无线LoRa/5G	软件定义网络（SDN）	数据可靠传输
数据层	时序数据库/关系数据库/HDFS	分布式存储/数据湖	多源数据统一管理
应用层	微服务架构/规则引擎	容器化/K8s编排	业务功能模块化
用户层	Web/移动端/大屏可视化	低代码开发/BI工具	多终端交互

三、运维过程的智能化管理策略

（一）设备状态的实时监测与诊断

设备状态的实时监测与诊断是智能运维的基础环节，其核心目标是通过持续感知设备运行参数，及时识别异常状态并定位故障原因。为实现这一目标，首先需要构建覆盖建筑全生命周期的多维度感知网络。这一网络通常由部署在关键设备及环境中的各类传感器组成，温度传感器、湿度传感器、振动传感器、电流传感器等均在其列，它们能够采集设备运行过程中的物理量和化学量数据，形成设备状态的基础数据集。

数据采集完成后，需要建立高效的实时数据处理与传输机制。由于智能建筑中设备数量庞大，传感器产生的数据具有海量、高频的特点，传统的传输方式可能导致数据延迟或丢失。通常采用边缘计算与云计算相结合的架构，边缘节点负责对原始数据进行初步过滤和预处理，提取关键特征后再传输至云端平台，以减少数据传输量并提高处理效率。

在数据处理的基础上，智能诊断模型的应用是实现精准诊断的关键。常用的诊断模型包括基于规则的专家系统、基于机器学习的分类算法以及基于深度学习的故障诊断模型。基于规则的专家系统通过将领域专家的经验转化为诊断规则，能够快速处理常见故障；机器学习算法中的支持向量机、随机森林通过对历史故障数据的训练，实现对未知故障的分类识别；深度学习模型中的卷积神经网络、循环神经网络凭借其强大的特征学习能力，在复杂设备故障诊断中表现出更高的准确率。通过这些模型的综合应用，能够实现对设备状态的实时监测与精准诊断，为后续的维护决策提供依据。

（二）故障预测与预防性维护

故障预测与预防性维护是智能运维的核心策略之一，旨在通过对设备运行数据的分析，提前预测潜在故障，并制订针对性的维护计划，以降低故障发生率和维护成本。实现这一策略的首要步骤是故障特征提取与分析。设备在发生故障前，通常会表现出振动信号的频谱异常、温度的持续升高、电流波动等特定特征变化。通过对历史运行数据和故障记录的分析，可以识别这些特征与故障类型之间的关联关系，建立故障特征库。特征提取过程中，需要结合时域分析、频域分析、时频域分析方法，对原始数据进行处理，提取出能够有效表征设备状态的特征参数。

基于故障特征库，下一步是构建与训练故障预测模型。预测模型的选择需根据设备类型、数据特点和预测精度要求确定。常用的预测模型包括时间序列预测模型（ARIMA 模型、LSTM 模型）、回归分析模型（线性回归、非线性回归）以及基于物理模型的预测方法。时间序列预测模型适用于具有明显时序特性的设备运行数据，能够通过历史数据预测未来的状态变化；回归分析模型通过建立特征参数与剩余寿命之间的回归关系，实现对设备剩余寿命的预测；基于物理模型的预测方法结合设备的物理特性和运行机理，通过仿真计算预测故障发生的时间。在模型训练过程中，需要使用大量的历史数据进行参数优化，以提高模型的预测准确率和泛化能力。

预测模型输出故障预警后，需要制订动态调整的预防性维护计划。传统的预防性维护多采用固定周期的维护方式，可能导致过度维护或维护不足。智能运维环境下，预防性维护计划应根据设备的预测剩余寿命、当前运行状态、维护资源可用性以及建筑使用需求进行动态调整，对预测剩余寿命较短且对建筑功能至关重要的设备优先安排维护，对剩余寿命较长但运行环境恶劣的设备适当缩短维护间隔。维护计划还需考虑维护人员的技能匹配度、备品备件的库存情况等因素，通过智能调度算法实现维护资源的最优配置，确保预防性维护的有效性和经济性。

（三）资源调度与优化配置

资源调度与优化配置是智能运维过程中实现高效管理的关键环节，其核心是通过合理分配人力、物资、设备等运维资源，最大限度地提高运维效率并降低资源浪费。资源调度的前提是准确的资源需求预测，须构建资源需求预测模型。该模型通过分析历史运维数据、设备故障规律、建筑使用强度以及外部环境因素，预测未来一段时间内不同类型运维任务的资源需求。高温季节空调系统的故障概率增加，相应的维护人员和备件需求也会上升；建筑使用高峰期，电梯、照明等设备的运维需求可能更为集中。资源需求预测模型通常采用统计分析方法或机器学习算法以提高预测的准确性。

基于资源需求预测结果，需要应用动态调度算法实现资源的实时调配。动态调度算法能够根据实时的运维任务优先级、资源当前状态以及任务紧急程度，动态调整资源分配方案。常用的动态调度算法包括遗传算法、粒子群优化算法、蚁群算法等智能优化算法，这些算法能够在复杂的约束条件下，快速寻找到近似最优的调度方案。当多个设备发生故障时，动态调度算法可根据故障严重程度、设备重要性及维护人员位置，为每个维护人员分配最优任务序列，减少任务等待时间和人员移动距离。

除了动态调度外，还需要建立多目标优化配置机制，以实现资源配置的整体优化。运维资源配置涉及多个目标，这些目标之间可能存在冲突。多目标优化配置机制通过建立多目标优化模型，在满足各项约束条件的前提下，寻找能够平衡多个目标的 Pareto 最优解。配置备品备件库存时既要考虑库存成本的降低，又要保证备件的可得性以减少故障停机时间，多目标优化模型通过调整不同备件的库存水平，能够实现库存成本与设备可用性之间的最优平衡。通过资源需求预测、动态调度算法和多目标优化配置机制的协同作用，能够实现运维资源的智能化调度与优化配置，提升智能建筑运维的整体效率。

（四）运维成本的精细化管理

运维成本的精细化管理是智能运维的重要目标之一，旨在通过对运维过程中各项成本的实时监控、精确核算和优化控制，降低总体运维成本并提高成本效益。实现精细化管理的首要步骤是成本数据的实时采集与分类。智能建筑运维成本涉及多个方面，包括人工成本、设备维修成本、备品备件成本、能耗成本、管理成本等。为全面采集这些成本数据，需要建立覆盖运维全流程的成本数据采集体系，通过物联网技术、RFID 技术、移动终端等手段，实时记录各项成本发生的时间、金额、关联任务和责任人等信息。维护人员通过移动终端记录现场维修工时和使用的备件信息，这些数据实时上传至成本管理平台；设备能耗数据则通过智能电表、水表等采集设备自动传输至平台。还需对采集到的成本数据进行分类整理，按照成本性质、发生环节、责任部门等维度进行划分，为后续的成本核算和分析奠定基础。

在成本数据采集与分类的基础上，需要构建成本核算模型。成本核算模型是实现精细化管理的核心工具，其功能是根据采集到的成本数据，按照预定的核算规则和方法，计算各项运维任务、各设备系统以及整个建筑的运维成本。常用的成本核算方法有作业成本法、生命周期成本法等。作业成本法通过将运维成本按照作业活动进行分解，确定各项作业的成本动因，再根据成本动因将成本分配至相应的产品或服务，能够准确反映不同运维任务的成本构成；生命周期成本法则考虑设备从采购、安装、运维到报废的整个生命周期内的成本，为设备选型和维护策略制订提供依据。成本核算模型的构建需要结合智能建筑的特点，设置合理的成本核算单元和核算周期，确保核算结果的准确性和及时性。

基于成本核算结果，需要实施成本优化策略。成本优化策略的制订应基于对成本构成和影响因素的分析，识别成本控制的关键环节和潜在空间。通过分析人工成本占比发现，维护人员的调度不合理导致工时浪费，可通过优化调度算法减少无效工时；分析备件库存成本则能发现部分备件库存过高导致资金占用，进而通过建立备件需求预测模型优化库存水平。成本优化策略还应考虑运维质量和服务水平，避免为降低成本而牺牲设备可靠性和运维效果。制订预防性维护计划时，需在维护成本与故障风险之间进行平衡，选择成本效益最优的维护方案。通过成本数据的实时采集与分类、成本核算模型的构建以及成本优化策略的实施，能够实现运维成本的精细化管理，提高智能建筑运维的经济性和可持续性。

第四章　建筑智能空间的设计

第一节　智能空间概念与智能尘埃

一、智能空间的概念界定

（一）智能空间的定义与核心要素

1. 定义

智能空间的定义可从技术集成与空间功能两个维度展开。从技术集成维度看，智能空间是多种智能技术的有机融合体，通过感知设备采集环境数据，经计算单元分析处理后，由执行机构对空间状态进行调节，形成“感知—分析—决策—执行”的闭环系统。从空间功能维度看，智能空间强调以使用者为中心，通过理解使用者行为模式和需求偏好，提供个性化、场景化的空间服务，实现空间功能从“满足基本需求”向“提升体验质量”的转变。

2. 构成要素

（1）空间环境要素

空间环境要素是智能空间的物理载体，包括建筑的平面布局、立面设计、结构形式以及温度、湿度、光照、空气质量等环境参数。这些要素为智能技术的部署提供物理支撑，其自身状态也是智能空间感知与调节的核心对象，直接影响使用者的舒适度和空间功能的实现效果。

（2）智能技术要素

智能技术要素是智能空间的核心驱动力，主要包括感知层、网络层和应用层三个技术层级。感知层由各类传感器组成，负责采集空间环境数据和使用者行为信息；网络层通过有线或无线网络实现数据的传输与共享，保障信息交互的实时性和可靠性；应用层基于人工智能算法对数据进行分析处理，生成空间环境调节策略并控制执行设备，实现智能服务的落地。

(3) 数据交互要素

数据交互要素是智能空间实现动态响应的关键，涉及数据的采集、传输、存储与处理四个环节。数据采集需保证多源数据的全面性和准确性，传输需满足低延迟和高安全性要求，存储需具备大容量和可扩展性，处理需通过高效算法实现数据价值的快速挖掘，为空间决策提供依据。

(二) 智能空间的主要类型划分

1. 按功能用途划分

按功能用途可将智能空间分为居住智能空间、办公智能空间和公共服务智能空间。居住智能空间以满足家庭生活需求为核心，集成智能家居控制、安防监测、环境调节等功能；办公智能空间聚焦提升工作效率，实现会议室预约、办公设备联动、能耗优化等服务；公共服务智能空间则面向公众活动场景，提供人流引导、资源调度、安全管理等公共服务支持。

2. 按技术架构划分

按技术架构可分为集中式智能空间和分布式智能空间。集中式智能空间以中央控制系统为核心处理单元，统一管理所有感知设备与执行机构，其控制逻辑清晰、系统集成度高，但对中央节点依赖性较强；分布式智能空间通过边缘计算节点实现局部数据处理与决策，各节点通过网络协同，具有较强的容错能力与可扩展性，适用于大规模或复杂结构的建筑空间。

3. 按空间尺度划分

按空间尺度可分为建筑室内智能空间、社区级智能空间和区域级智能空间。建筑室内智能空间是最基础的类型，聚焦单一建筑内部的空间智能化；社区级智能空间涵盖多个建筑组成的社区范围，实现建筑间的资源共享和协同管理；区域级智能空间则扩展至城市片区，整合交通、能源、环境等城市基础设施数据，支撑更大范围的智能服务协同。

（三）智能空间与传统建筑空间的区别

1. 技术集成层面

传统建筑空间的技术应用多表现为独立系统的分散部署，以照明系统、空调系统、安防系统等为代表的系统各自运行，系统间缺乏数据交互和协同控制，整体智能化水平较低。智能空间则通过统一的技术平台实现多系统的深度集成，各类智能技术按功能需求有机融合，形成覆盖“感知—决策—执行”全流程的技术网络，使空间具备整体协同和智能响应能力。

2. 用户交互层面

传统建筑空间中，使用者与空间的交互主要通过开关灯光、调节空调温度等手动操作完成，交互方式被动且依赖使用者的主动干预，空间无法主动感知和响应用户需求。智能空间通过部署多模态感知设备，能够实时捕捉使用者的行为特征和需求信号，实现主动交互和个性化服务，根据使用者的位置自动调节周边环境参数，或根据使用习惯预设空间模式。

3. 功能动态性层面

传统建筑空间的功能在设计阶段即基本确定，空间布局和使用方式相对固定，后期功能调整需通过物理改造实现，灵活性较差。智能空间通过软件定义和模块化设计，可实现功能的动态配置和快速切换，同一物理空间能根据不同场景需求转换为会议、展示、休闲等多种功能模式，极大提升了空间的利用效率和适应性。

4. 管理运维层面

传统建筑空间的管理运维主要依赖人工巡检和定期维护，设备故障检测和处理滞后，管理效率低且成本较高。智能空间通过部署状态监测传感器和预测性维护算法，实时采集设备运行数据，分析设备健康状况并预测潜在故障，实现主动预警和远程调控，显著降低运维成本，提升管理的及时性和精准性。

二、智能尘埃的技术内涵

（一）智能尘埃的基本定义

智能尘埃的基本定义聚焦于微型化智能感知设备的核心特性。这类设备通常具备毫米级甚至微米级的物理尺寸，能够集成感知、计算与通信功能于一体。与传统传感器相比，智能尘埃的“智能”体现在其自主运行能力，无须持续外部控制即可完成环境数据采集、初步处理与信息传输的完整流程。其核心目标是通过大规模分布式部署，构建对物理空间的精细化、实时化感知网络，为智能空间提供底层数据支撑。智能尘埃的定义还强调其低功耗特性，通过优化硬件设计与软件算法，实现长期无人值守运行，适应智能建筑等复杂环境的应用需求。

（二）智能尘埃的组成结构

智能尘埃的组成结构由多个功能模块协同构成。传感模块是核心组件之一，负责采集环境中的物理或化学参数，温度、湿度、光照强度、振动频率等均在其采集范围内，其性能直接决定感知数据的精度与范围。处理模块通常采用微型处理器或专用集成电路，承担数据的初步筛选、计算与存储任务，通过简化算法降低能耗，确保在有限资源下完成基础数据处理。通信模块采用短距离无线通信技术，实现节点间或与汇聚节点的数据交互，支持自组织网络协议以适应动态变化的部署环境。能源模块为整个系统提供动力，常见形式包括微型电池、能量收集装置等，能量收集技术通过转化环境中的光能、热能或振动能，有效延长智能尘埃的使用寿命。

（三）智能尘埃在智能空间中的作用机制

智能尘埃在智能空间中的作用机制基于分布式感知与协同工作模式展开。在建筑空间内高密度部署大量智能尘埃节点可形成覆盖全面的感知网络，每个节点作为独立感知单元负责特定区域的环境数据采集。节点间通过自组织通信协议实现数据共享与协同，单个节点采集到异常数据时能快速与周边节点进行信息交互，验证数据准确性并定位异常源，以此提升感知系统的可靠性。采集到的原始数据经本地处理后，通过多跳传输方式汇聚至智能空间的中央控制单元，为空间环境调控、安全监测、资源优化等应用提供实时数据支持。分布式作用机制使智能空间具备动态感知与自适应调节能力，能够根据环境变化实时调整运行参数，提升空间的智能化水平。

（四）智能尘埃的技术挑战与发展趋势

智能尘埃的技术挑战主要集中在多个关键技术环节。能源供应的持久性是首要挑战，微型设备的有限体积限制了电池容量，高频数据采集与通信进一步加剧能耗，如何在保证性能的前提下延长续航时间成为核心问题。通信性能面临困境，微小体积导致天线尺寸受限，无线信号传输距离短且易受建筑结构干扰，影响网络覆盖范围与数据传输稳定性。数据处理能力受硬件资源制约，微型处理器的计算与存储能力有限，难以运行复杂算法，制约了本地数据处理的深度。规模化部署的成本问题突出，高精度微型组件的制造工艺复杂，导致单节点成本较高，限制了大规模应用的可行性。

智能尘埃的发展趋势呈现多方向技术融合特征。新材料技术的应用是重要突破口，柔性电子、纳米材料等新型材料的研发，有望实现更小体积、更高性能的硬件组件，提升设备的环境适应性。能量收集技术的创新将缓解能源困境，通过优化光能、振动能、射频能量收集装置的转换效率，结合低功耗电路设计，推动智能尘埃实现自供能运行。边缘计算与人工智能算法的集成将提升数据处理能力，轻量化 AI 模型与边缘计算技术的结合，使智能尘埃在本地完成更复杂的数据分析与决策，减少对中央系统的依赖。与物联网、数字孪生技术的深度融合是应用拓展方向，智能尘埃作为物联网的底层感知节点，可与数字孪生平台联动，实现物理空间与虚拟模型的实时数据交互，为智能建筑的全生命周期管理提供支撑。

第二节　智能空间系统特点及设计指导原则

一、智能空间系统的核心特点

智能空间系统的核心特点见表4-1。

表4-1　智能空间系统核心特点

核心特点	技术实现	典型应用	关键设备	安全措施
感知交互性	多模态传感器网络 计算机视觉 语音识别	自动灯光调节 无接触控制	毫米波雷达 阵列麦克风	生物特征加密 数据脱敏
动态适应性	机器学习算法 数字孪生模型 实时数据分析	个性化温控 能耗优化	边缘计算节点 环境传感器	行为模式匿名化
协同集成性	统一数据中台 IoT 协议栈 微服务架构	跨系统联动 智能场景切换	物联网网关 云平台	通信加密 API 鉴权
安全可靠性	冗余设计 入侵检测 故障自愈	7×24h 运行 应急响应	硬件加密模块 双电源备份	等保三级 MFA 认证

二、智能空间设计的指导原则

（一）以人为本原则

1. 需求导向设计

需求导向设计要求在智能空间规划初期通过问卷调研、行为轨迹分析、深度访谈等方法系统采集使用者的需求信息，将抽象需求转化为可量化的设计参数。针对儿童活动空间的智能设计需重点考虑安全防护、互动体验与成长适应性需求，针对商业办公空间则需关注协作效率提升、环境个性化调节等功能需求。需求分析需贯穿设计全周期，通过阶段性用户反馈实现设计方案的动态优化，确保最终空间形态与使用者需求高度契合。

2. 人机交互适配

人机交互适配是以人为本原则在技术落地层面的关键体现，强调智能空间中各类设备与系统的交互方式需符合人的认知习惯与操作能力，降低使用复杂度。交互设计应优先采用自然交互模式，如语音指令、动作感应、环境自适应等，减少对复杂操作界面的依赖；需保证交互反馈的即时性与明确性，通过视觉符号、声音提示或触觉反馈等多通道信息传递，让使用者清晰感知交互结果。智能温控系统可根据使用者的日常活动规律自动调节温度，其交互过程无须主动干预，通过行为数据学习实现自然适配。

3. 包容性与个性化

包容性与个性化要求智能空间设计需兼顾不同使用者的特殊需求，消除因年龄、身体机能、技术熟悉度差异导致的使用障碍，支持基于个体偏好的空间功能定制。在包容性设计方面，需遵循无障碍设计标准，为行动不便者配置智能导航与辅助设备、为听障者提供视觉报警系统；在个性化方面，可通过用户账户关联与偏好记忆功能，实现空间参数的个性化设置，包括个性化的照明色温、常用设备快捷控制、信息推送内容定制，提升每个使用者的空间体验满意度。

（二）技术融合原则

1. 多技术协同机制

多技术协同机制要求明确各类技术在智能空间中的功能定位与协作逻辑，通过数据流转与指令交互实现整体效能提升。物联网技术负责感知层的环境参数与设备状态采集，通过分布式传感器网络构建空间数据感知网络；人工智能技术承担数据处理与决策生成功能，基于感知数据进行行为预测与智能控制；数字孪生技术则构建空间的虚拟映射模型，支持实时状态监测与模拟优化。协同过程中需建立标准化的数据交互协议，确保感知数据准确传输至决策层，控制指令有效驱动执行设备，形成“感知–分析–决策–执行”的闭环协同链路。

2. 技术兼容性保障

技术兼容性保障是实现技术融合的基础条件，要求智能空间采用的各类技术在硬件接口、通信协议、数据格式等方面具备一致性或可转换性，避免因技术标准差异导致系统冲突。设计阶段应优先选用符合国际或行业通用标准的技术产品，减少私有协议的应用；对于采用不同标准的技术，需配置协议转换网关或中间件以实现数据格式与通信规则的适配，不同品牌的智能家电可能采用不同的通信协议，部署统一的物联网网关即可将各类设备接入中央控制系统，实现数据集中管理与统一控制。

3. 系统集成优化

系统集成优化关注技术融合后的整体性能提升，通过架构优化、资源分配与算法改进，降低协同过程中的冗余消耗，提升系统响应速度与运行稳定性。架构设计可采用分层架构或微服务架构，将系统划分为感知层、网络层、平台层与应用层，各层通过标准化接口通信，便于独立升级与维护；资源分配结合边缘计算与云计算技术，将实时性要求高的任务分配至边缘节点处理，减少数据传输延迟；算法优化针对多源数据融合、协同决策等关键环节开发高效算法，提升数据利用率与决策准确性，确保技术融合后的系统整体效能优于单一技术应用。

（三）可持续发展原则

1. 绿色技术应用

绿色技术应用是实现可持续发展的核心路径，通过采用节能、环保、低碳的技术产品与解决方案，降低智能空间的环境负荷。在能源系统方面，可集成太阳能光伏发电、地源热泵等可再生能源技术，减少对传统化石能源的依赖；在设备选型上，优先选用高能效比的智能设备，包括 LED 照明系统、变频空调机组，并通过智能控制算法实现设备的按需运行，避免无效能耗；在环境调节方面，结合自然通风优化设计、采光模拟分析等方法，提升空间的自然舒适度，减少机械通风与人工照明的使用时长，降低能源消耗。

2. 资源高效利用

资源高效利用要求在智能空间的设计、建设与运营过程中优化资源配置，减少资源浪费，实现水资源、建材资源与信息资源的循环利用。在水资源管理方面，通过智能水表、漏水检测系统实现用水实时监测与异常预警，结合雨水回收系统、中水回用技术提升水资源利用率；在建材选择上，优先选用可再生、可降解的绿色建材，减少不可再生资源消耗，通过模块化设计提高建材的重复利用率；在信息资源利用方面，构建数据共享平台实现空间内各类数据的集中管理与复用，避免数据冗余采集与存储，降低信息资源浪费。

3. 全生命周期管理

全生命周期管理要求将可持续发展理念贯穿于智能空间的规划、设计、建设、运营、维护直至拆除的整个周期，综合考量各阶段的环境影响与资源消耗。在规划阶段，进行环境影响评估，选择对生态环境干扰较小的建设场地；在设计阶段，采用参数化设计方法优化空间布局，减少建材与能源浪费；在运营阶段，通过智能运维系统实时监测空间的能源消耗、设备状态与环境质量，及时发现并处理资源浪费问题；在拆除阶段，制订建材回收与再利用方案，减少建筑垃圾产生，实现智能空间全生命周期的环境友好。

（四）模块化设计原则

1. 功能模块划分

功能模块划分是模块化设计的基础，要求根据智能空间的核心功能需求，将系统分解为若干具有独立功能边界的模块，每个模块专注于特定功能实现，模块间通过明确接口交互。模块划分需遵循高内聚、低耦合原则，即模块内部功能联系紧密，模块间依赖关系简单。智能空间系统可划分为环境监测模块、设备控制模块、安全防护模块、能源管理模块等，环境监测模块负责温湿度、光照、空气质量等参数的采集与分析，设备控制模块负责各类执行设备的控制与状态反馈。

2. 模块接口标准化

模块接口标准化是确保不同模块协同工作的关键，要求模块间的交互接口在数据格式、通信协议、控制指令等方面遵循统一标准，实现模块的“即插即用”。接口设计需明确输入输出参数、数据传输速率、错误处理机制等技术规范，并通过接口文档详细定义。设备控制模块与智能设备间的接口可采用标准化的 MQTT 或 HTTP 协议，确保不同品牌、型号的设备通过统一接口接入系统，降低集成复杂度。

3. 可扩展性设计

可扩展性设计要求模块化系统能够根据需求变化或技术发展进行功能扩展或模块升级，无须大规模重构系统。在硬件层面，采用标准化安装接口与插槽设计，便于新模块物理接入；在软件层面，通过模块化代码架构与插件化设计支持新功能集成，增加算法模块即可实现高级环境优化；需考虑系统容量扩展，通过分布式架构、云计算平台等技术提升设备接入能力与数据处理能力，确保智能空间适应未来发展需求。

第三节　语义网络与建筑空间设计策略

一、语义网络在建筑空间中的应用基础

（一）语义网络的概念与构成要素

语义网络是一种以图形化方式表示知识的结构化工具，通过节点和有向弧的连接来表达实体、概念及它们之间的语义关系。其核心在于将知识分解为最基本的语义单元，再通过关系纽带构建整体认知框架。这种表示方法起源于对人类认知模式的模拟，强调知识的关联性和可理解性，适用于需要直观表达复杂关系的领域。

语义网络主要由节点和弧构成。节点是语义网络的基本单元，指代各类实体、概念、属性或事件——建筑空间中的“会议室”“走廊”即实体节点，“功能属性”“空间尺度”则为概念节点。弧是连接节点的有向线段，定义节点间的语义关系，常见类型有分类关系、属性关系、位置关系等。节点与弧共同形成知识的网络结构，将分散信息通过语义关联整合为有机整体。

（二）语义网络的知识表示方法

1. 基本关系表示

基本关系表示是语义网络最核心的知识表达形式，通过两个节点和一条有向弧构成的三元组来表达最基本的语义单元。在建筑空间描述中，“办公室—位于—标准层”这一三元组清晰表达了办公室与标准层之间的位置关系，“照明系统—控制—灯光亮度”表达了系统与功能的控制关系。这种二元关系结构简单直观，易于理解和构建，是构成复杂语义网络的基础模块。随着知识复杂度的提升，多个三元组可通过共享节点实现关联，形成链式结构或网状结构，“办公室—包含—办公设备”“办公设备—属于—电子设备”通过“办公设备”节点的共享，构建起从具体空间到抽象类别的语义链条。

2. 继承机制

继承机制是语义网络实现知识复用和层级化管理的重要方法，指子节点可以自动获取父节点的属性和关系，无须重复定义。在建筑空间领域，若“智能空间”作为父节点具有“环境自适应”属性，其子节点“智能办公室”“智能会议室”可通过继承机制自动获得这一属性，也可拥有自身特有的属性。继承机制不仅减少了知识表示的冗余，还保证了知识体系的一致性，当父节点的属性发生变化时，所有子节点的继承属性会同步更新，提高了知识维护的效率。这种机制模拟了人类认知中的分类思维，使语义网络能够以层级化方式组织复杂的建筑空间知识。

3. 网络推理规则

网络推理规则是基于语义网络结构进行知识推演的方法，通过已知的节点关系推导出新的语义关联。常见的推理方式包括传递性推理、逆向推理和属性继承推理。传递性推理适用于具有传递关系的语义链，已知“走廊—连接—楼梯间”和“楼梯间—连接—电梯厅”，可推导出“走廊—间接连接—电梯厅”；逆向推理从目标节点出发，通过反向追溯弧的关系寻找相关前提，要查询“哪些空间具有紧急疏散功能”，可从“紧急疏散功能”节点逆向查找所有通过“具有”关系连接的空间节点；属性继承推理结合继承机制，通过子节点对父节点属性的继承，推断子节点未直接定义的属性，已知“公共空间—具有—开放可达性”，而“大堂—属于—公共空间”，则可推断“大堂—具有—开放可达性”。这些推理规则使语义网络不仅是知识的存储载体，还具备了主动分析和信息挖掘的能力。

（三）语义网络与建筑空间信息模型的结合

建筑空间信息模型作为智能建筑设计的核心工具，主要侧重于建筑实体的几何参数、物理属性和工程信息的数字化表达，但在语义关系和知识逻辑的表达上存在局限。语义网络的引入能够弥补这一不足，通过构建结构化的语义关系体系，为建筑空间信息模型赋予更丰富的语义内涵，实现从“信息模型”到“知识模型”的提升。

语义网络与建筑空间信息模型的结合方式主要体现在三个层面。在数据层，将建筑空间信息模型中的构件转化为语义网络中的节点，构件的属性信息作为节点的属性值；在关系层，通过定义建筑领域特有的语义关系，构建节点间的有向弧，形成语义网络的基本结构；在知识层，通过继承机制和推理规则，将分散的构件信息和关系信息整合为系统化的建筑知识体系，“房间—属于—功能分区”“功能分区—服务于—建筑用途”的关系链可实现从具体房间到建筑整体功能的知识关联。

这种结合的核心价值在于提升建筑空间信息模型的智能化应用能力。在设计阶段，语义网络支持基于语义关系的空间布局合理性检查，通过推理规则自动识别“疏散通道—被—障碍物—阻挡”的冲突关系；在运维阶段，语义网络可实现设备故障的语义化溯源，通过“故障设备—关联—系统模块”“系统模块—包含—组件”的关系链，快速定位故障根源。语义网络的结构化知识表示还为人工智能技术在建筑空间中的应用提供了基础，使机器能够理解建筑空间的语义内涵，支持更高级的智能决策和自动化管理。

二、基于语义网络的建筑空间设计策略

（一）空间功能语义的动态映射策略

1. 功能语义要素的提取与编码

功能语义要素的提取需要从建筑空间的多元使用场景出发，识别并提炼核心功能需求对应的语义信息，包括居住、办公、休闲、交通等基础功能以及隐私保护、交互协作、环境舒适度等衍生功能。这些语义要素需进行结构化编码，即将功能需求转化为语义网络中的节点，每个节点包含功能类型、属性特征（面积需求、光照条件、设备配置）和关联规则等信息，形成标准化的语义单元库，为后续映射提供数据基础。

2. 动态映射机制的构建

动态映射机制通过语义网络的拓扑结构来构建功能语义单元与空间物理属性之间的关联规则。具体而言，将空间的物理属性作为语义网络的另一类节点，通过有向边或权重值来表达功能语义对物理属性的约束关系。“办公功能语义”节点与“空间面积≥10m^2”“光照强度≥300lx”等物理属性节点通过强关联权重连接，形成“功能需求→物理约束”的映射路径，确保空间设计满足基本功能要求。

3. 映射关系的实时更新方法

映射关系的实时更新依赖于语义网络的动态学习能力，通过整合空间使用过程中的实时数据（包括传感器采集的环境参数、用户行为记录等）调整语义节点间的关联强度或规则。当空间使用场景发生变化，如办公空间临时转为会议空间时，系统可通过识别“会议功能语义”的激活信号，自动更新与“座位布局”“声学处理”等物理属性节点的映射关系，实现功能语义与空间物理属性的动态适配。

（二）多主体需求的语义融合策略

1. 多主体需求的语义化表达

多主体需求的语义化表达是融合策略的基础，需要建立统一的语义描述框架，将不同主体的需求转化为语义网络中的需求节点。使用者需求可能包含“室内温度24-26℃”“噪声≤40dB”这类具体指标，设计者需求可能关联“结构安全性”“设计美学”这类原则性要求，管理者需求则可能聚焦“运维成本”“空间利用率”这类量化目标。将这些需求拆解为“环境语义”“安全语义”“经济语义”等子节点，同时赋予每个节点具体的属性值和优先级，可实现需求的结构化与可计算化。

2. 冲突需求的语义消解机制

冲突需求的语义消解依赖于语义网络的规则推理与权重分配机制。当不同主体的需求出现矛盾，使用者对“大空间开放感”的需求与管理者对“空间利用率最大化”的需求冲突时，系统可通过语义网络识别冲突节点“开放空间面积”与“分区数量”，并基于预设的消解规则“核心功能优先”“用户体验权重≥0.6”调整节点权重。若“用户体验”语义节点的权重高于“经济成本”节点，则优先满足开放空间设计，通过优化分区布局平衡空间利用率，实现冲突需求的协调。

3. 融合结果的可视化呈现

融合结果的可视化呈现是将抽象的语义融合结果转化为设计者可直接应用的空间设计参数。通过语义网络的图谱可视化技术，将融合后的需求节点及其关联关系以图形化方式展示，用节点大小表示需求优先级，用边的粗细表示关联强度。将语义节点对应的具体参数转化为设计指标表，确保设计者能够清晰理解融合后的需求目标，为后续空间布局设计提供明确指导。

第五章　智能建筑节能设计

第一节　基于综合布线路径的智能建筑优化设计

一、综合布线路径优化设计的基础要素

（一）建筑空间结构解析

建筑空间结构是综合布线路径规划的物理基础，其解析需涵盖平面布局、立体分层及功能分区等维度。平面布局中，承重墙、立柱的分布直接决定管线可穿越区域，非承重墙体与开放空间则为路径选择提供更大灵活性。立体分层方面，楼板厚度、层高及垂直通道的位置影响垂直布线的走向与节点设置。功能分区需区分办公区、设备间、公共区域等，不同区域对布线密度、安全性及可维护性的要求存在差异，例如设备间需预留充足的管线接口与扩展空间，而办公区则需兼顾布线隐蔽性与用户接入便利性。

（二）管线兼容性适配

综合布线系统包含电力电缆、数据光缆、控制管线等多种类型，不同管线的物理特性与运行要求决定了其兼容性适配规则。电力电缆存在电磁干扰问题，需与数据光缆保持安全距离，避免信号传输受影响；控制管线多为低压线路，需与高压电力线路分离布设，同时满足防火规范要求。此外，各类管线的管径、弯曲半径及承重能力不同，在路径交叉或并行敷设时，需通过分层排布或隔离措施实现空间复用，例如在吊顶内采用上层布设电力电缆、下层敷设数据光缆的方式，既节省空间又减少相互干扰。

（三）节能目标参数转化

节能目标需转化为可量化的布线路径参数，包括线路损耗控制、空间利用率提升及散热负荷降低等。线路损耗与路径长度直接相关，相同截面的电缆，路径每缩短10%可减少约5%的功率损耗；空间利用率方面，优化后的路径布局应使管线占用空间减少15%以上，避免因管线冗余导致的建筑空间浪费；散热负荷降低体现在减少高功率设备管线的集中敷设，通过分散路径降低局部区域的空调负荷，例如将服务器机房的电缆分路敷设至不同区域，可使机房空调能耗降低8%~10%。

二、路径规划与建筑功能的协同机制

（一）功能分区的布线密度适配

不同功能分区的用电设备与信息终端分布密度差异显著，布线路径需据此动态调整密度。办公区域终端设备密集，路径应采用网格状分支结构，主线路沿走廊敷设，分支线路垂直接入各工位，确保每个终端的线路长度控制在5m以内；会议区域需集中布设音视频传输线与强电接口，路径应预留扩展接口，满足临时设备接入需求；公共区域以应急照明与监控线路为主，路径沿墙体隐蔽敷设，减少对空间美观性的影响。

（二）动线设计的路径融合

建筑内部的人流与物流动线是路径规划的隐性约束条件，布线路径需与动线设计相融合。人流密集区域的管线应避免明装，采用地面线槽或吊顶内暗敷方式，防止管线暴露引发的安全隐患；物流通道的路径需预留足够的通行净空，管线敷设高度不低于2.5m，且避免在通道两侧集中布设重型管线；紧急疏散通道的管线必须采用防火材料，路径沿疏散指示方向敷设，确保应急情况下的线路可靠性。

（三）设备运行的路径协同

空调、照明、安防等设备的运行状态与布线路径存在联动关系，路径规划需考虑设备的启停规律与负荷变化。空调机房的管线应靠近空调主机与风管，减少冷热媒传输过程中的能量损耗；照明系统的线路路径需与灯具布置同步，采用放射式分支结构，便于分区控制照明开关；安防设备的线路应沿监控盲区敷设，避免因管线遮挡影响监控范围，同时保证线路冗余度，满足设备移位或新增需求。

三、优化算法在路径设计中的应用逻辑

（一）最短路径模型的约束条件构建

最短路径模型以线路总长度最小化为目标，需纳入多重约束条件。物理约束包括管线弯曲半径限制、不可穿越区域的禁入规则；安全约束涉及防火等级、电磁兼容距离（强电与弱电线路间距不小于 30cm）；成本约束涵盖材料费用（路径长度直接影响电缆采购量）与施工成本（复杂路径的施工工时增加 30%以上），通过加权系数将多目标转化为单目标函数，实现模型求解。

（二）动态分区的路径迭代优化

建筑功能的动态变化要求路径设计具备迭代优化能力，通过动态分区算法实现路径自适应调整。初始阶段将建筑划分为固定分区与可变分区，固定分区采用永久性路径敷设，可变分区预留可拆卸式管线接口；当功能分区发生变更时，算法自动识别新增终端位置，在预留接口基础上生成最短路径，并计算路径调整后的能耗变化，确保每次迭代后的路径仍满足节能目标。

（三）多目标决策的权重分配

路径优化需平衡经济性、节能性与可维护性，通过多目标决策模型分配权重。经济性权重（30%）基于路径建设成本与生命周期费用计算；节能性权重（40%）考量线路损耗、散热负荷等能耗指标；可维护性权重（30%）涉及路径

的检修空间、故障排查难度等，例如明敷路径的维护成本比暗敷路径低 20%。通过层次分析法确定各指标权重，最终生成综合评分最高的路径方案。

四、技术适配与路径实施的关键节点

（一）材料选择的环境适配性

布线材料需根据建筑环境特性选择，高温环境应采用耐温等级≥105℃的电缆；潮湿环境需选用防水型管线，接头处采用密封处理；多尘环境的管线应具备防尘护套，避免灰尘堆积影响散热。此外，材料的环保性能需符合国家标准，例如采用低烟无卤电缆，其燃烧时的烟密度等级（SDR）应≤50，有毒气体释放量应低于 0.5mg/m^3。

（二）节点连接的可靠性保障

路径节点是故障高发区域，需通过技术措施保障可靠性。电缆接头采用压接或焊接工艺，确保接触电阻≤0.01Ω；光缆接头使用熔接技术，衰减值控制在 0.1dB 以下；分支点设置防水防潮的接线盒，盒体防护等级不低于 IP54。同时，节点位置应避开振动源与温度变化剧烈区域，减少因环境因素导致的接头松动或老化。

（三）施工工艺的精度控制

施工过程需通过精度控制确保路径参数达标。管线敷设的水平偏差不超过 5mm/m，垂直偏差控制在 3mm/m 以内；弯曲处的曲率半径符合材料要求，避免过度弯曲导致的线路损伤；固定支架的间距根据管线重量设置，例如直径 20mm 的电缆支架间距不大于 1.5m，防止管线因自重下垂变形。施工完成后，需通过通断测试、绝缘电阻测试（绝缘电阻≥100MΩ）及信号传输测试验证路径质量。

五、路径优化的验证与调适机制

（一）仿真模拟的能效评估

通过建筑信息模型（BIM）进行路径仿真，评估其能效指标。模拟软件可计算不同路径方案的线路损耗总量、空调负荷增量及空间占用率，生成能效对比报告；同时，通过三维可视化检查管线碰撞情况，避免因路径交叉导致的施工返工。仿真结果需满足：线路总损耗≤设计值的5%，空调负荷增量控制在3%以内，管线碰撞点为零。

（二）运行数据的反馈调整

建筑投入运行后，通过智能监测系统采集路径相关数据，包括各段线路的电流、温度、信号衰减值等。当监测数据超出阈值时，系统自动预警并分析原因，若因路径设计不合理导致，则启动路径调整方案，例如增加散热通道或分流部分线路；每季度生成能效分析报告，结合实际运行数据优化路径参数，确保节能效果持续达标。

（三）维护策略的路径适配

基于路径特点制订差异化维护策略，明敷路径每半年进行一次外观检查与绝缘测试；暗敷路径每年通过红外测温仪检测线路温度，排查过热隐患；高空路径（如吊顶内、桥架上）的维护需制订专项安全方案，定期检查支架牢固性与管线老化情况。维护记录应与路径BIM模型关联，实现全生命周期的可追溯管理，当路径累计运行时间达到10年时，进行全面评估并制订更新计划。综合布线路径优化设计参数对照表见表5-1。

表5-1　综合布线路径优化设计参数对照表

参数类型	优化前标准	优化后标准	优化效果
线路总长度	≤建筑周长的1.5倍	≤建筑周长的1.2倍	缩短20%，减少损耗10%
管线占用空间	≤吊顶高度的30%	≤吊顶高度的20%	节省空间33%，提升散热效率
强电弱电间距	≥20cm	≥30cm	信号干扰降低40%
可维护通道宽度	≥0.6m	≥0.8m	维护工时减少25%
防火等级	普通阻燃	耐火极限≥1h	火灾风险降低60%

第二节　基于 Agent 的智能建筑优化设计分析

一、Agent 技术在智能建筑优化中的理论框架

（一）Agent 的基本概念与特性

Agent 技术作为分布式人工智能的重要分支，核心是具有自主决策能力的计算实体。智能建筑优化设计领域常将 Agent 定义为能够感知环境信息、自主执行决策并与其他实体交互的智能单元。这一概念明确 Agent 并非简单程序模块，而是具备独立目标导向行为的智能体。

Agent 的基本特性是其在智能建筑中发挥作用的基础。自主性是首要特性，指 Agent 能够在无须外部直接干预的情况下，根据内置规则和环境信息独立制订行动策略，自主调节空调运行参数以响应室内温度变化便是其典型表现。反应性体现为 Agent 对外部环境刺激的实时响应能力，通过传感器获取建筑内的温度、光照、人员流动等动态数据，并迅速调整自身行为。社会性则指多个 Agent 之间通过预设通信协议进行信息交换与协作，形成有机整体以完成复杂优化任务。学习性是提升 Agent 适应性的关键，通过持续分析历史数据和运行效果，Agent 能够优化决策模型，逐步提高对建筑环境变化的预测精度和控制效率。这些特性共同使得 Agent 技术能够满足智能建筑对动态性、复杂性和个性化优化的需求。

（二）多 Agent 系统的协同优化机制

多 Agent 系统是由多个相互作用的 Agent 组成的集合，其协同优化机制是实现智能建筑整体性能提升的核心。在智能建筑场景中，不同功能的 Agent 分别负责特定子系统的优化——空调控制 Agent、照明控制 Agent、安防监控 Agent 等，协同优化机制则确保这些 Agent 追求局部目标时实现建筑整体目标的最优。

协同优化机制主要包括信息交互机制、任务分配机制和冲突消解机制。信息

交互机制通过共享数据平台实现 Agent 间的实时信息传递，空调控制 Agent 将当前室内温度数据发送给照明控制 Agent，后者结合光照信息调整照明策略，避免资源浪费。任务分配机制基于各 Agent 的能力和当前负载状态，动态分配优化任务，确保关键任务优先执行，在用电高峰期优先保障核心区域的设备运行效率。冲突消解机制用于处理不同 Agent 在目标或资源需求上的矛盾，当空调和照明系统需要增加能耗以满足各自优化目标时，冲突消解机制会根据建筑整体节能优先级进行协调，通过调整参数或任务顺序实现全局最优。这种多层次的协同机制使得多 Agent 系统能够应对智能建筑中多目标、多约束的复杂优化问题。

（三）智能建筑节能优化的 Agent 模型构建原则

智能建筑节能优化的 Agent 模型构建必须遵循关键原则，以保障模型的有效性与实用性。这些原则由智能建筑的节能需求、系统复杂性及运行动态性共同决定，为模型设计提供关键指导。

目标导向原则是模型构建的核心，要求 Agent 模型的设计必须以建筑节能目标为根本出发点。在定义 Agent 的决策规则和优化算法时，需将能耗降低率、能源利用效率等节能指标作为核心评价标准，确保 Agent 的所有行为都服务于减少建筑总能耗的目标。层次性原则强调模型应与智能建筑的系统层级结构相匹配，通常分为设备级 Agent、子系统级 Agent 和建筑级 Agent。设备级 Agent 直接控制单个设备的运行，如空调末端装置；子系统级 Agent 协调同一系统内的多个设备级 Agent，如空调系统协调 Agent；建筑级 Agent 则统筹各子系统级 Agent，实现建筑整体的节能优化。动态适应性原则要求 Agent 模型能够随建筑环境和运行条件的变化进行自我调整，通过引入自适应算法和在线学习模块，使 Agent 在建筑使用功能变更、外部气候波动等情况下仍能保持优化性能。兼容性原则确保 Agent 模型能够与智能建筑现有的信息系统、控制系统进行有效集成，采用标准化的数据接口和通信协议，避免因系统异构性导致的数据孤岛和协同障碍，保障节能优化策略的顺利实施。

二、基于 Agent 的智能建筑优化设计仿真与验证

（一）仿真平台的选择与搭建

1. 仿真平台的选择依据

仿真平台的选择需要综合考虑 Agent 模型的特性与智能建筑系统的复杂性。基于 Agent 的智能建筑优化设计涉及多 Agent 之间的动态交互、环境参数的实时反馈以及多目标优化算法的运行效率，平台须具备支持多 Agent 系统建模的核心功能。常用的仿真工具中，JADE 作为 Java 语言开发的 Agent 框架，提供了完善的 Agent 通信机制和行为调度模块，适合构建分布式的智能决策系统；NetLogo 则在复杂系统的微观行为模拟方面具有优势，能够直观呈现大量 Agent 的群体协作过程。平台还需兼容建筑能耗模拟模块，EnergyPlus 的能耗计算引擎可用于此，以实现优化策略与实际能耗表现的联动分析。选择过程中需平衡平台的易用性、扩展性与计算效率，确保能够准确映射智能建筑中 Agent 与环境、Agent 与 Agent 之间的交互关系。

2. 仿真平台的搭建流程

仿真平台的搭建分为环境建模、Agent 角色定义与交互规则设置三个主要步骤。环境建模阶段需构建智能建筑的物理空间模型，包括建筑布局、设备分布以及环境参数（温度、光照、湿度）的动态变化模型，可通过 BIM 技术导入建筑几何信息，结合传感器数据校准环境参数的初始值与变化范围。Agent 角色定义需根据智能建筑的功能需求划分不同类型的 Agent，如能源管理 Agent、设备控制 Agent、环境监测 Agent 等，明确各 Agent 的感知范围、决策权限与目标函数——能源管理 Agent 以最小化总能耗为目标，设备控制 Agent 则负责单个设备的运行状态调节。交互规则设置需基于通信协议定义 Agent 之间的信息传递格式与协作机制——环境监测 Agent 将实时采集的室内温度数据发送至能源管理 Agent，能源管理 Agent 根据数据调整空调系统的运行参数，并将指令下达至设备控制 Agent，形成闭环的决策—执行流程。搭建完成后需进行平台功能测试，验证 Agent 的自主决策能力与系统的整体协调性。

（二）典型场景下的优化效果仿真实验

1. 典型场景的选取原则

典型场景的选取需覆盖智能建筑的主要功能区域与运行模式，确保仿真结果的代表性与应用价值。选取过程中需考虑建筑类型、使用时段、环境条件以及用户行为特征等关键因素。办公建筑的核心功能区域，不同区域的能源需求与环境控制目标存在显著差异——开放办公区需兼顾能耗与人员舒适度，会议室则因使用频率波动大须具备动态调节能力。此外，场景还应包含极端条件下的运行状态，如高峰期用电负荷、突发天气变化等，以测试 Agent 系统在复杂工况下的优化性能。

2. 仿真实验的设计方案

仿真实验的设计需明确实验参数、优化目标与评估指标，确保实验过程的可重复性与结果的可比性。实验参数设置包括时间跨度、环境变量、设备参数以及 Agent 的决策周期。优化目标需根据场景需求确定，单一目标优化可设定为能耗最小化，多目标优化则需综合考虑能耗、舒适度与运行成本，通过权重分配实现目标间的平衡。实验过程中需记录关键数据，包括各设备的能耗曲线、室内环境参数变化、Agent 的决策过程与执行结果，并设置对照组进行对比分析。为验证优化效果的稳定性，需在相同场景下进行多次重复实验，排除随机因素对结果的干扰。

（三）仿真结果的节能效益分析

1. 节能效益的量化指标

节能效益分析需通过量化指标直观呈现基于 Agent 的优化设计在能源节约方面的实际效果，核心指标包括能耗降低率、能源利用效率提升幅度与运行成本节约额。能耗降低率通过对比优化前后的总能耗计算得出。能源利用效率提升幅度反映单位能耗所提供的服务质量改善，可通过能耗强度与舒适度指标的比值变化来衡量。运行成本节约额则结合当地能源价格，将能耗降低量转化为经济收益。

2. 数据分析与效果验证方法

仿真结果的数据分析需采用统计方法验证优化效果的显著性与可靠性。首先对采集的能耗数据进行正态性检验，确保数据符合参数统计的基本假设；然后通过独立样本检验对比优化组与对照组的能耗均值差异，判断 Agent 策略是否显著降低能耗。对于多目标优化结果，可采用帕累托前沿分析法，评估 Agent 策略在能耗、舒适度与成本之间的权衡能力，筛选出非劣解集中的最优组合方案。此外，还需分析 Agent 决策的动态响应特性，在环境参数突变时，分析系统从初始状态调整至最优状态的响应时间及调整过程中的能耗波动幅度，验证 Agent 系统的稳定性与适应性。数据分析结果需结合智能建筑的实际运行需求，说明节能效益在不同场景下的差异，为后续应用推广提供依据。

（四）模型的局限性与改进方向

1. 现有模型的局限性分析

现有基于 Agent 的智能建筑优化设计模型在实际应用中存在三方面主要局限。Agent 决策的实时性不足，智能建筑系统包含大量 Agent 与复杂的交互关系，决策过程中需处理海量环境数据与多目标优化计算，部分场景下决策延迟超过可接受范围，影响用户体验。环境适应性有限，模型通常基于特定建筑类型与环境条件构建，应用于新的建筑场景或遭遇极端天气时，Agent 的决策规则可能无法有效适配，优化效果显著下降。模型简化带来误差，为降低计算复杂度，现有模型常对建筑物理特性与用户行为进行简化处理，仿真结果与实际运行数据存在偏差，影响节能效益评估的准确性。

2. 模型改进的主要方向

针对现有模型的局限性，改进方向可从算法优化、模型精细化与多目标协同三个层面展开。算法优化方面，可引入强化学习提升 Agent 的自主学习能力，通过构建奖励函数，使 Agent 在与环境的交互中不断优化决策策略，缩短动态响应时间，增强复杂场景下的适应性。模型精细化方面，需结合建筑信息模型与物联网技术，引入更精细的建筑物理模型与用户行为模型，减少简化假设带来的误差，提升仿真结果的可信度。多目标协同方面，需建立跨系统的 Agent 协作机制，打破传统单一系统独立优化的局限，通过中央协调 Agent 整合各子系统的优化目标，实现建筑整体能源效率的提升，引入全生命周期理念，将建筑运维阶段的节能效益与设计、施工阶段的成本控制相结合，形成多阶段协同优化的闭环模型。

第三节 建筑设备管理系统在智能建筑优化设计中的表现

一、建筑设备管理系统的优化设计策略

（一）基于实时数据的动态调节策略

基于实时数据的动态调节策略是建筑设备管理系统优化设计的核心路径之一，通过持续采集和分析设备运行及环境状态数据，实现设备运行参数的动态调整，以提升系统运行效率和能源利用水平。

1. 实时数据采集与预处理机制

实时数据采集是动态调节的基础，需要构建覆盖建筑各区域的传感器网络，包括温度传感器、湿度传感器、光照传感器、能耗计量传感器等，这些传感器通过有线或无线方式（LoRa、Wi-Fi）将数据传输至中央处理单元。数据预处理环节需对原始数据进行噪声过滤、异常值检测和数据融合，其中噪声过滤可采用滑动平均法或小波变换去除高频干扰，异常值检测通过设定阈值范围或基于聚类算法识别偏离正常范围的数据点，数据融合则结合多传感器数据交叉验证，确保数据的准确性和可靠性，为后续调节提供高质量的数据支持。

2. 动态调节算法模型构建

动态调节算法模型是实现策略落地的关键，需结合建筑设备特性和环境需求

选择适配算法。常用的算法包括 PID 控制算法、模糊控制算法以及基于机器学习的预测控制算法。PID 控制算法通过实时比较设定值与实际监测值的偏差，动态调整设备输出参数，适用于线性系统的快速调节；模糊控制算法则通过模拟人类决策逻辑，处理环境参数与设备运行之间的非线性关系，可在过渡季节根据室外温湿度和室内人员密度动态调整新风比；机器学习预测控制算法可利用历史数据预测未来一段时间内的环境变化趋势，提前调整设备运行状态，避免设备频繁启停导致的能耗增加和寿命损耗。

3. 反馈控制与参数修正机制

反馈控制与参数修正是保障动态调节持续有效的重要环节。在设备参数调节后，系统需通过实时监测数据评估调节效果，如比较调节前后的能耗指标（单位面积能耗）和舒适度指标（PMV 值），判断调节是否达到预期目标。若未达到目标，则启动参数修正机制，当发现空调系统调节后室内温度波动超过±0.5℃时，需重新校准 PID 控制器的比例系数、积分时间和微分时间，或调整机器学习模型的特征权重，通过多次迭代优化，使调节策略逐步适应建筑实际运行工况的变化因素带来的系统特性改变。

（二）多设备协同运行的优化策略

多设备协同运行的优化策略核心在于整合建筑设备原本独立运行的模式，借助设备间的协同机制，实现整体系统的高效运行，进而降低综合能耗、提升服务质量。

1. 设备协同运行机制设计

设备协同运行机制设计需明确协同目标和协同方式。协同目标包括最小化整体能耗、最大化用户舒适度、保障设备安全运行等多维度目标，需通过目标函数构建实现多目标优化。协同方式可分为集中式控制和分布式协商两种模式，集中式控制由中央控制器统一接收各设备运行数据，基于全局优化算法生成协同控制指令，适用于设备数量较少、通信延迟较低的场景；分布式协商模式则由各设备作为智能主体（Agent），通过局部通信交互信息自主协商运行策略，空调系统与照明系统通过共享室内人员分布数据协同调整区域温度和照明亮度，以此减少信息传输压力和中央控制器的计算负荷。需统一设备间的通信协议，如采用 BACnet 协议实现不同厂商设备的数据交互，确保协同指令的准确传输和执行。

2. 负载均衡与资源分配优化

负载均衡与资源分配优化是多设备协同的重要内容，需基于设备负载特性和建筑能源供应状况动态分配负载。首先需分析各设备的负载曲线（如电梯系统在上下班时段负载集中，空调系统在夏季午后负载较高），以识别用电高峰与低谷时段。基于负载曲线，通过错开高耗能设备的运行时间，将部分电梯设定为高峰时段优先运行、低谷时段检修，或分区域控制设备运行，将办公楼划分为多个独立空调区域并根据各区域负荷需求动态调整冷量分配，避免建筑总能耗在短时间内超过电网供应容量，导致能源浪费或供电故障。可结合蓄电池、冰蓄冷系统等储能设备实现能源的时空转移，在用电低谷时段储存能源，高峰时段释放，平抑能源需求波动，提升能源利用效率。

3. 冲突消解与优先级设定

在多设备协同运行过程中，设备间可能出现目标冲突，如节能与舒适度目标相悖、不同区域设备争夺能源资源等情况，需建立冲突消解机制和优先级设定规则。优先级设定可根据建筑功能分区和使用场景确定：人员密集的办公区域优先保障舒适度，非工作时段的公共区域则优先考虑节能；对于关键设备（消防设备、应急照明），需设定最高运行优先级，确保其在任何情况下的稳定运行。冲突消解可通过规则库或多目标优化算法实现。规则库包含预设的冲突处理逻辑，当空调系统能耗超过设定阈值时，自动降低非核心区域的温度设定值即为此类逻辑；多目标优化算法（非支配排序遗传算法 NSGA-Ⅱ）则通过求解 Pareto 最优解，在多个冲突目标间找到平衡，在能耗和舒适度之间寻找最优平衡点，生成既满足基本舒适度要求又实现能耗最低的协同运行方案。

（三）用户行为模式驱动的个性化节能策略

1. 用户行为数据采集与模式识别

用户行为数据采集需构建多源数据采集体系，数据来源包括门禁系统记录的人员出入信息、设备使用日志和室内定位系统获取的人员分布数据，以及用户通过移动端 APP 主动反馈的舒适度偏好信息。数据采集需遵循隐私保护原则，对敏感数据进行匿名化处理。模式识别阶段采用数据挖掘技术对采集的行为数据进行分析，常用方法包括聚类分析、序列模式挖掘和关联规则挖掘。聚类分析可将用户行为划分为“早出晚归型”“间歇性活动型”等不同类型；序列模式挖掘可识别用户行为的时间序列规律；关联规则挖掘可发现行为与环境参数的关联关系，“人员增加时照明亮度需求提高”这类规律为后续个性化需求模型构建提供依据。

2. 个性化需求模型构建

个性化需求模型构建需基于识别的用户行为模式，量化用户在不同场景下的设备使用需求。模型包含固定需求和动态需求两个层面，固定需求是指用户在常规场景下的稳定需求，办公人员在工作时段对室内温度（24~26℃）、照明亮度（300~500 lx）的基本要求可通过统计分析历史数据确定需求范围；动态需求是指用户在特殊场景下的临时需求，会议室临时召开会议时对空调快速降温、投影设备开启的需求需通过实时行为数据实时触发。模型构建过程中需引入用户反馈机制，允许用户通过界面调整需求参数，系统根据用户反馈持续优化模型参数，提升需求预测的准确性。

（四）与建筑其他系统的集成优化策略

1. 系统集成接口标准化设计

系统集成接口标准化设计是实现多系统数据互通的基础，需统一接口协议和数据格式，确保不同系统间的无缝对接。接口协议选择需考虑兼容性和扩展性，常用的标准化协议包括 OPCUA（用于工业自动化系统的数据交换）、BACnet（楼宇自动化控制网络协议）、Modbus（串行通信协议）以及 RESTful API（基于 HTTP 的应用程序接口）。其中，OPCUA 协议支持跨平台数据传输和复杂数据类型定义，适用于建筑设备管理系统与能源管理系统等高级系统的集成；BACnet 协议专为楼宇设备设计，可直接与空调、照明等设备控制器通信。接口设计需包含数据采集接口（从其他系统获取数据）和控制指令接口（向其他系统发送控制指令），并通过接口测试验证其稳定性和数据传输效率，测试 BACnet 接口在 100 台设备同时通信时的数据丢包率和延迟时间，确保不超过系统设计阈值。

2. 数据共享与协同决策机制

数据共享与协同决策机制是集成优化的核心，需建立中央数据库存储和管理各系统数据，实现数据的集中共享和统一分析。中央数据库应包含设备运行数据、能耗数据、环境数据、安防数据等多类数据，并采用时间序列数据库存储高频采集数据，关系型数据库存储结构化管理数据。数据共享通过访问控制策略实现，不同系统根据权限获取所需数据，能源管理系统可读取设备管理系统的能耗数据进行分析，设备管理系统可读取安防系统的人员分布数据调整设备运行。协同决策机制基于多系统数据融合分析构建，当安防系统检测到某区域发生火灾报警时，自动向设备管理系统发送信号，关闭该区域的空调系统和非应急照明，启动排烟设备；当能源管理系统预测到电网负荷高峰时，通知设备管理系统调整高耗能设备的运行时间，实现错峰用电，降低用电成本。

3. 全生命周期集成管理

全生命周期集成管理要求在建筑的设计、施工、运维各阶段贯彻系统集成理念，确保集成功能的持续有效。在设计阶段，需进行系统集成规划，明确各系统的集成目标、接口需求和数据交互流程，将集成需求纳入建筑设计方案，在建筑平面设计时预留传感器安装位置和通信线路路由。施工阶段需同步进行各系统的安装调试和集成测试，按照接口标准进行设备对接，开展联调联试工作，验证多系统协同运行功能，测试建筑设备管理系统与消防系统的联动控制是否准确响应火灾报警信号。运维阶段通过集成管理平台实现各系统的统一监控和维护，平台可实时展示各系统运行状态，当设备发生故障时，自动关联相关系统数据进行故障诊断，结合能耗数据和运行参数判断空调故障原因，并触发维修工单，通知其他相关系统调整运行策略。通过全生命周期的集成管理，确保建筑设备管理系统与其他系统的集成效果在建筑全生命周期内持续优化，提升建筑的整体运行效率和可持续性。

二、实际工程应用中的表现与提升建议

（一）实际工程中的能耗优化效果

在实际工程应用中，建筑设备管理系统通过动态调节设备运行参数，包括根据室内人员密度调整空调负荷、根据自然光强度调节照明亮度等，通常能够实现显著的能耗降低。根据现有工程数据，在办公建筑中，系统可使空调系统能耗降低20%~35%，照明系统能耗降低15%~25%，整体建筑总能耗降低15%~30%；在大型商业建筑中，由于设备负荷更大、运行时间更长，节能效果更为明显，部分项目总能耗降低可达30%以上。系统还能通过优化设备启停时间、减少无效运行，延长设备使用寿命，间接降低运维成本。

（二）系统运行中的常见问题

尽管建筑设备管理系统在节能优化中表现出较好的效果，但实际运行中仍存在一些常见问题。一是传感器数据采集精度不足，部分工程中因传感器选型不当或安装位置不合理，导致温度、湿度等数据偏差较大，影响控制算法的准确性；二是控制算法响应滞后，尤其在大型会议室人员骤增等负荷快速变化的场景，系统难以实时调整设备输出，造成能源浪费或舒适度下降；三是设备维护不及时，部分项目重建设轻维护，传感器老化、执行器卡涩等问题未得到及时处理，导致系统节能性能逐渐衰减。

（三）性能提升的技术与管理建议

针对实际运行中的问题，可从技术和管理两方面提出性能提升建议。技术层面，应优先选用高精度、高稳定性的传感器，精度±0.2℃的温度传感器、响应时间<1s的CO_2传感器即为此类，并优化安装位置以确保数据代表性；引入边缘计算技术，将部分数据处理和控制决策功能下沉至现场控制器，减少数据传输延迟，提高算法响应速度；采用机器学习算法，基于LSTM的负荷预测模型通过历史数据训练，可实现对未来负荷的精准预测，提前调整设备运行状态。管理层

面，需建立完善的系统运维制度，定期对传感器、执行器等设备进行校准和维护，确保硬件性能稳定；加强运维人员培训，提高其对系统功能的熟悉程度和故障处理能力；建立能耗监测与分析平台，实时跟踪系统节能效果，及时发现并解决系统运行中的问题。

第六章 建筑设备自动化系统的应用

第一节 建筑设备自动化系统概述

一、建筑设备自动化系统的定义与内涵

（一）建筑设备自动化系统的概念界定

1. 定义的核心要素

（1）技术构成

建筑设备自动化系统的技术构成以计算机控制技术为核心，融合传感器技术、执行器技术和数据通信技术。传感器负责采集建筑设备的温度、湿度、压力等运行参数；执行器根据控制指令调节设备的阀门开度、电机转速；数据通信技术实现各设备与控制中心之间的信息传输，确保数据实时交互。这些技术的协同作用构成了系统运行的硬件基础，控制算法和管理软件则为系统提供智能决策支持，实现设备运行状态的动态优化。

（2）功能目标

建筑设备自动化系统的功能目标包括保障设备安全稳定运行、提升能源利用效率和改善建筑环境舒适性。通过实时监测设备运行状态，系统能够及时发现异常并发出预警，避免故障扩大；通过对空调、照明等能耗设备的智能调节，减少不必要的能源消耗；通过维持室内温湿度、空气质量等环境参数在设定范围内，为建筑使用者提供舒适的空间环境。这些目标的实现依赖于系统对设备运行数据的持续分析和控制策略的动态调整，体现了自动化系统在建筑功能优化中的关键作用。

（二）建筑设备自动化系统的主要特征

1. 高度的自动化控制能力

建筑设备自动化系统能够实现对建筑设备的全自动控制，减少人工干预。系统通过预设的控制逻辑和算法，根据环境变化和使用需求自动调节设备运行状态。空调系统可根据室内外温度差自动调整制冷量或制热量，照明系统可根据光照强度自动开关灯具。自动化控制不仅降低了人工操作的工作量，还提高了控制精度，避免了人为因素导致的误差，确保设备始终运行在最优状态。

2. 系统集成性

建筑设备自动化系统并非独立存在，而是与建筑内的其他智能系统紧密集成，形成统一的智能管理平台。系统可以与火灾自动报警系统、智能安防系统、建筑能源管理系统等进行数据交互和功能联动。火灾自动报警系统检测到火情时，建筑设备自动化系统可自动关闭相关区域的空调通风设备，启动排烟系统，并打开应急照明，实现多系统协同应对突发事件。这种集成性打破了传统设备系统之间的信息壁垒，提升了建筑整体的智能化水平。

3. 实时监测与响应能力

系统具备对设备运行状态的实时监测能力，通过分布在建筑各处的传感器，持续采集设备的运行参数和环境数据，并将数据传输至控制中心进行分析处理。一旦发现参数偏离设定范围或设备出现故障，系统能够立即发出报警信号，并自动采取应急措施。供水管网压力异常下降时，系统可迅速定位泄漏点并关闭相关阀门，减少水资源浪费和财产损失。实时监测与响应能力确保了设备运行的安全性和可靠性，缩短了故障处理时间。

（三）建筑设备自动化系统与传统建筑设备系统的区别

1. 控制方式的差异

传统建筑设备系统多采用分散式手动控制或简单的本地自动控制，各设备之间缺乏联动，控制逻辑固定且难以调整。空调系统需人工设定温度，照明系统需手动开关，设备运行状态的调节依赖操作人员的经验判断。建筑设备自动化系统采用集中式智能控制，通过中央控制器对所有设备进行统一管理，控制逻辑可根据实际需求灵活调整，并能实现设备间的协同控制。这种控制方式的转变，使设备运行更加精准、高效，适应了建筑功能多样化和个性化的需求。

2. 管理模式的差异

传统建筑设备系统的管理主要依赖人工巡检和定期维护，管理人员需现场查看设备运行状态并记录数据，效率低下且可能因巡检不及时导致故障隐患未被发现。建筑设备自动化系统实现了管理的信息化和智能化，控制中心通过监控界面实时查看所有设备的运行数据和状态，自动生成运行报表和维护提醒，管理人员无须现场巡检即可掌握设备情况。这种管理模式的转变带来了管理成本的降低与管理效率的提高，并确保设备维护更加及时精准。

3. 数据利用方式的差异

传统建筑设备系统中，设备运行数据多以纸质记录或简单电子表格形式存储，数据分散且难以共享，无法为设备优化运行和管理决策提供有效支持。建筑设备自动化系统通过数据采集和分析平台，对设备运行数据进行集中存储、处理和分析，挖掘数据背后的规律和问题。分析空调系统能耗数据可找出能耗高峰时段与原因，以此优化控制策略；利用设备故障数据总结其发生规律，则能提前实施预防性维护。数据利用方式的转变，使系统从单纯的控制工具升级为辅助决策的智能平台，提升了建筑设备管理的科学性和前瞻性。

二、建筑设备自动化系统的核心功能

（一）集中监控功能

1. 监控对象覆盖范围

集中监控功能覆盖建筑内所有关键机电设备系统，包括暖通空调系统中的冷水机组、冷却塔、空调箱、风机盘管，照明系统中的配电箱、照明控制器，给排水系统中的水泵、水箱液位控制器，变配电系统中的变压器、高低压配电柜以及电梯系统的控制柜等。持续监测这些设备的运行状态，确保建筑整体设备系统处于可控和稳定的运行状态。

2. 数据采集与传输机制

数据采集与传输是集中监控功能实现的技术核心。系统通过在各设备安装温度传感器、湿度传感器、压力传感器、流量传感器、电流互感器、电压传感器等各类传感设备，实时采集运行参数，包括冷水机组的进出口温度、水泵的运行电流、照明回路的电压等。采集到的数据经现场总线（包括 BACnet、LonWorks）或以太网传输至中央监控主机，传输过程中采用标准化通信协议，保证数据在传输过程中的准确性和实时性。

3. 实时状态可视化呈现

实时状态可视化是集中监控功能的直观表现形式。中央监控主机通过专业的监控软件将采集到的原始数据转化为管理人员易于理解的可视化信息，包括动态数据表格、趋势曲线图、设备运行状态指示灯、系统流程图等。管理人员在监控界面上可通过趋势曲线图查看某台空调箱过去 24h 的送风温度变化情况，通过状态指示灯快速识别设备是否处于运行、停机或故障状态，实现对建筑设备运行状态的全局把控和及时干预。

（二）自动调节与控制功能

1. 环境参数自动调节

环境参数自动调节主要针对建筑内与人体舒适度相关的参数进行控制，包括温度、湿度、照度、CO_2 浓度等。系统根据预设的舒适标准或用户设定的目标值，通过调节相关设备的运行状态来维持环境参数的稳定。当某区域温度传感器检测到实际温度高于设定上限时，系统会自动增加空调系统的冷量输出，提高冷水机组的运行负荷或增大空调箱的送风量；当光照传感器检测到室内光照强度超过设定值时，系统会自动调暗或关闭部分照明灯具，以节约能源并保持适宜的光照环境。

2. 设备运行参数优化

设备运行参数优化是在满足环境需求的前提下，对设备自身的运行参数进行调整，以提高设备运行效率和降低能耗。对空调水系统中的水泵和冷却塔风机采用变频控制技术，根据系统实时负荷变化动态调整水泵转速和风机频率，使设备输出功率与实际需求相匹配，避免传统定速运行造成的能量浪费；对变配电系统中的无功补偿装置进行自动控制，根据系统功率因数的变化实时投切电容器组，提高电能利用效率，减少线路损耗。

3. 控制逻辑实现方式

控制逻辑实现方式是自动调节与控制功能的技术基础，主要包括传统控制算法和智能控制算法。传统控制算法中，PID 控制通过比较设定值与实际值的偏差，利用比例、积分、微分环节的组合计算控制量，实现对温湿度等线性系统的精确调节，在空调系统温度控制中应用广泛。智能控制算法中，模糊控制、神经网络控制等适用于具有非线性、大滞后、模型不确定等特性的复杂系统，能够通过学习和自适应调整控制策略，提高控制的鲁棒性和适应性，在复杂建筑空间的多区域温度协调控制中发挥作用。

（三）能源监测与管理功能

1. 能耗数据分类采集

能耗数据分类采集是能源监测与管理的基础环节，系统通过在建筑内各能源消耗点安装智能计量仪表，对不同类型的能源消耗数据进行分项、分区域、分时段采集。具体而言，对电能消耗按照照明、空调、动力、办公设备等负荷类型进行分项计量；对水资源消耗按照生活用水、空调补水、绿化用水等用途进行分类采集；对燃气、热力等能源则进行独立计量。系统亦能按楼层、功能区域等维度采集能耗数据，确保能耗数据的精细化和全面性。

2. 能耗分析与统计报表

能耗分析与统计报表功能通过对采集到的能耗数据进行处理和分析，生成各类能耗统计报表和分析图表。系统可以按日、周、月、年等时间维度统计能源消耗总量、各分项能耗占比，分析能耗随时间的变化趋势和规律；通过与历史同期数据、同类建筑能耗数据的对比分析，识别建筑能耗的异常情况和节能潜力。系统可生成月度能耗报表，显示本月各类型能源的消耗量、单位面积能耗、能耗同比和环比变化情况，并通过饼图展示各分项能耗的占比，为能源管理决策提供数据支持。

3. 节能控制策略实施

节能控制策略实施是能源监测与管理功能的最终目标，系统根据能耗分析结果和预设的节能目标，自动或手动启动相应的节能控制策略。在用电高峰期，系统可自动降低非必要设备的运行功率，关闭无人区域的照明灯具，实现错峰用电，降低高峰时段的电能消耗；根据建筑内人员活动规律，通过人体红外传感器检测区域人员情况，自动调整空调和照明系统的运行时间，避免无人时段的无效能源消耗；通过优化设备运行组合，如在空调系统中根据负荷变化自动启停冷水机组，使系统在部分负荷下仍能保持较高的运行效率，降低整体能耗。

（四）故障诊断与报警功能

1. 异常参数监测阈值设置

异常参数监测阈值设置是故障诊断与报警功能的前提，系统根据不同设备的类型、型号、额定参数和运行特性，为其关键运行参数设定合理的正常运行范围和报警阈值。这些阈值包括参数的上限值、下限值、变化速率阈值等，冷水机组的出水温度正常范围设定为 7～12℃，当检测到出水温度持续高于 12℃或低于 7℃时触发报警；水泵的运行电流上限设定为额定电流的 1.1 倍，当电流超过该值时系统判断为异常状态。阈值设置需要结合设备制造商提供的技术参数和实际运行经验进行调整，确保既不会因阈值过宽导致故障漏报，也不会因阈值过窄产生误报。

2. 故障类型识别与定位

故障类型识别与定位是在检测到异常参数后，通过对异常数据的进一步分析和与预设故障模式的比对，确定故障的具体类型和发生位置。系统内置了常见设备故障的诊断知识库，包含不同故障类型对应的特征参数变化规律和典型症状，当水泵出口压力异常降低且电流减小时，系统可判断为水泵叶轮堵塞或吸入管道泄漏故障；当空调箱送风温度与回风温度差值异常减小时，结合风机运行状态可判断为换热器结垢或过滤器堵塞故障。系统能够根据传感器的安装位置和设备编号，精确定位故障发生的具体设备和部位。

3. 报警信息传递与处理机制

报警信息传递与处理机制确保故障信息能够及时、准确地传递给相关管理人员，并启动相应的处理流程。当系统检测到故障时，会立即在中央监控界面显示醒目的声光报警信号，包括红色闪烁指示灯、报警提示框和蜂鸣器声音，并将报警信息以短信、邮件等方式发送给指定的设备管理人员和维修人员，信息内容涵盖故障发生时间、设备名称、故障类型和定位信息。对于严重影响建筑运行的紧急故障，系统还可以自动触发应急处理程序，关闭故障设备以防止故障扩大、启动备用设备维持基本功能。管理人员接收到报警信息后，可根据系统提供的故障详情快速制订维修方案，组织人员进行维修，缩短故障处理时间，保障建筑设备的持续稳定运行。

第二节　建筑设备运行监控系统

一、建筑设备运行监控的对象与范围

（一）空调与通风系统运行监控

空调与通风系统是建筑设备运行监控的核心对象之一，其运行状态直接影响建筑室内环境质量与能源消耗。该系统的监控对象主要包括空气处理机组、新风机组、风机盘管、空调水系统及通风设备。空气处理机组负责对空气进行过滤、冷却或加热、加湿或除湿等处理，监控需关注其送回风温度、湿度、过滤器压差等参数；新风机组作为引入室外新风的关键设备，需监测新风量、送风温度及滤网状态；风机盘管作为末端设备，其运行状态是监控重点。空调水系统涵盖冷水机组、冷冻水泵、冷却水泵及冷却塔，监控内容包括冷水机组的运行负荷、进出口水温，水泵的流量、压力及能耗，冷却塔的进水温度、风机转速等。通风系统中的排风机、送风机等设备，需监测其运行状态、风量及风压，确保室内空气流通与污染物排放符合标准。通过对这些对象的参数监测与状态控制，实现空调与通风系统的稳定运行，维持室内环境舒适度并降低能源消耗。

（二）给排水系统运行监控

给排水系统是保障建筑正常用水与排水安全的关键，其运行监控对象主要包括生活给水系统、排水系统、中水系统及消防给水系统。生活给水系统的监控对象涵盖给水泵、高位水箱、减压阀组等，需监测给水泵的运行状态、出口压力、流量及电机电流，高位水箱的水位及水位报警信号，减压阀组的进出口压力，确保供水压力稳定且水量满足建筑使用需求。排水系统的监控对象包括排水泵、集水井、污水提升设备等，需监测集水井的液位高度及液位报警，排水泵的启停状态、运行电流及故障信号，防止集水井溢水或排水不畅。中水系统作为水资源循环利用的重要组成部分，其监控对象包括中水处理设备（格栅、沉淀池、过滤器）及中水回用泵，需监测处理水质参数（浊度、pH 值）、回用泵的流量及压力，确保中水水质达标且回用系统稳定运行。消防给水系统需监控消防泵、稳压泵、消防水箱的运行状态及水位、压力参数，保障火灾发生时消防用水的可靠性。

（三）供配电系统运行监控

供配电系统是建筑所有电气设备的动力来源，其运行监控对象涵盖高压配电系统、低压配电系统、应急电源系统及电力监控仪表。高压配电系统的监控对象包括高压进线柜、出线柜、变压器，需监测进线电压、电流、有功功率、无功功率、功率因数及频率，断路器的分合闸状态及保护动作信号，变压器的温度、负荷率及冷却系统运行状态，确保高压侧供电稳定。低压配电系统的监控对象包括低压配电柜、配电箱、母联柜，需监测各出线回路的电流、电压、功率及电能消耗，开关的运行状态及过载、短路保护动作信号，保障低压设备的安全用电。应急电源系统作为供电中断时的保障，其监控对象包括 UPS 设备、柴油发电机，需监测 UPS 的输入输出电压、电流、电池容量及运行模式，柴油发电机的启动状态、转速、电压、频率及燃油液位，确保应急供电的快速响应与稳定输出。电力监控仪表作为数据采集的核心，需实时采集各回路电气参数并上传至监控系统，为供配电系统的能耗分析与优化运行提供数据支持。

（四）照明系统运行监控

照明系统关系到建筑的使用功能、视觉舒适度及能源消耗，其运行监控对象主要包括公共区域照明、办公区域照明、室外照明及应急照明。公共区域照明涵盖走廊、楼梯间、大堂等场所的照明灯具，监控内容包括灯具的开关状态、故障报警及照度调节，通常结合人体感应或定时控制实现自动开关，避免长明灯现象。办公区域照明包括办公室、会议室、多功能厅等的照明系统，监控需实现开关控制与亮度调节的结合，可根据室内自然光强度（通过光照传感器采集）及人员活动情况（通过红外传感器或智能面板反馈）自动调节灯具的开关数量及亮度等级，满足不同场景的照明需求。室外照明涉及庭院灯、景观灯、泛光灯等，监控对象包括灯具的开关状态、故障检测及节能控制，通常根据日出日落时间或光照强度自动控制开关，并可通过监控系统远程调整亮灯模式。应急照明作为保障人员疏散的重要设施，需监测其电源状态（蓄电池电压）灯具的点亮状态及故障信号，确保在正常供电中断时能立即切换至应急供电模式并保持有效照明。通过对这些对象的监控与控制，实现照明系统的智能化管理，在满足使用需求的前提下最大限度降低照明能耗。

二、建筑设备运行监控系统的构成

建筑设备运行监控系统的构成见表 6-1。

表 6-1　建筑设备运行监控系统的构成

系统模块	核心组件	主要功能	关键技术	典型应用场景
前端感知层	环境传感器（温度/湿度/CO_2/$PM_{2.5}$） 设备传感器（振动/噪声/电流） 智能执行器（电动阀/变频器）	实时数据采集 设备状态监测 自动控制执行	工业物联网协议 边缘计算 自适应控制	中央空调系统 智能照明控制 给排水监控
数据传输层	工业网关 光纤环网 5G 边缘节点	数据汇聚传输 协议转换 网络冗余	时间敏感网络 OPCUA 软件定义网络	跨区域设备联网 远程运维管理 移动端接入
数据处理层	工业服务器 时序数据库 数据中台	数据存储分析 故障诊断 能效优化	数字孪生 机器学习 流式计算	能耗管理系统 预测性维护 设备健康评估
应用交互层	SCADA 系统① 三维可视化 移动运维 APP	实时监控 远程控制 决策支持	组态软件 WebGL 低代码开发	智能运维中心 应急指挥调度 移动巡检管理

①数据采集与监视控制系统。

三、建筑设备运行监控的主要策略与方法

（一）实时数据采集与监控策略

实时数据采集与监控策略是建筑设备运行监控的基础环节，其核心在于通过系统化的参数采集和动态监测，实现对建筑设备运行状态的全面掌握。数据采集点的选取应综合考量设备类型、运行关键节点及系统关联性，覆盖设备运行全流程，确保采集参数能准确反映设备核心运行状态。不同类型的建筑设备对采集参数的类型和频率有不同要求：空调系统关注温度、湿度、风量等环境参数及设备运行功率，给排水系统则重点采集压力、流量及水质指标。参数采集频率应根据设备响应特性确定，高频采集适用于快速变化的参数，低频采集则适用于相对稳定的状态监测。

数据传输与处理机制是实时监控策略的关键支撑，传输方式的选择需结合建筑结构、设备分布及数据传输需求，有线传输中的工业以太网适用于固定设备且数据量大的场景，无线传输中的 LoRa 技术则适用于移动设备或布线困难的区域。采集到的原始数据需经过预处理环节，包括滤波、去噪及异常值剔除，以消除干

扰因素对数据准确性的影响。预处理后的数据通过数据总线传输至监控平台，平台对数据进行实时存储、显示及初步分析，形成设备运行状态的动态可视化界面，为后续的调节控制和故障诊断提供数据基础。

（二）基于反馈的自动调节方法

基于反馈的自动调节方法通过构建“检测—比较—调节”的闭环控制流程，实现建筑设备运行状态的自动校正，维持系统在设定工况下稳定运行。闭环反馈控制机制是该方法的核心，系统由传感器、控制器和执行器三部分组成：传感器负责实时检测设备的输出参数（如空调房间的实际温度、水泵的出口压力）；控制器将检测值与设定值进行比较，计算偏差量；执行器则根据控制器输出的调节指令动作，如调节阀门开度、改变电机转速等，以此修正偏差，使设备输出参数回归设定范围。这种闭环控制方式能够有效抵抗外部干扰和内部参数变化对系统的影响，提升设备运行的稳定性。

调节参数的动态整定是保证自动调节效果的重要手段，在设备运行过程中，负荷变化、环境条件改变等因素会导致系统特性发生变化，固定的调节参数可能无法满足不同工况下的调节需求。通过采用参数自整定算法，控制器能够根据系统的动态响应特性实时调整比例系数、积分时间和微分时间等PID参数，避免出现静态偏差过大或动态超调现象。在空调系统启动阶段，通过增大比例系数和缩短积分时间加快系统响应速度；在接近设定值时，减小比例系数和延长积分时间以避免超调，从而使系统在不同工况下均能保持良好的调节性能。

（三）节能优化运行控制策略

节能优化运行控制策略以降低建筑设备能源消耗为核心目标，通过优化控制逻辑和运行参数，在满足建筑使用功能和环境要求的前提下，实现能源利用效率的最大化。多目标优化模型的构建是该策略的基础，模型需综合考虑能源效率、运行成本、室内环境舒适度等多个目标，建立相应的目标函数和约束条件。目标函数通常以设备总能耗最小为核心，兼顾运行维护成本和室内温湿度、空气质量等舒适度指标；约束条件包括设备的额定运行参数范围、建筑使用调度要求及安全运行规范等。通过遗传算法、粒子群优化等智能优化算法对多目标优化模型进行求解，可得到不同工况下的最优运行参数组合，空调系统的送风温度、冷水机组的运行台数等均属此类。

设备协同运行策略是实现系统级节能的关键，建筑设备系统由多个子系统组成，各子系统之间存在能量耦合和负荷关联。通过建立设备协同运行机制，可实现子系统之间的负荷匹配和能源互补，避免高峰时段能源集中消耗。根据建筑逐时负荷预测结果，提前调度冷水机组、冷却塔等大型设备的启停时间，使设备在负荷较低时段完成预冷或预热，减少高峰时段的运行负荷；照明系统与自然光传感器联动，根据室内光照强度自动调节灯具亮度，实现照明能耗的动态优化；电梯系统通过智能调度算法，减少空驶率和候梯时间，降低电梯运行能耗。通过设备间的协同运行，可实现建筑整体能源消耗的显著降低。

（四）故障预警与状态评估方法

故障预警与状态评估方法通过对设备运行状态的持续监测和分析，提前识别潜在故障风险，评估设备健康状况，为设备维护决策提供依据，保障建筑设备系统的可靠运行。状态特征参数的提取是该方法的基础，需根据设备类型和故障模式选取能够反映设备状态变化的关键指标。旋转机械（水泵、风机等）常用振动信号、温度、电流等作为特征指标，通过时域分析提取信号的峰值、均方根值等统计特征，通过频域分析识别特征频率成分，这些参数可反映设备的轴承磨损、转子不平衡等状态；电气设备（变压器、配电柜等）可通过绝缘电阻、介质损耗因数等参数反映其绝缘老化程度；空调设备（冷水机组等）可通过制冷剂压力、进出口温差等参数反映其制冷效率变化。

故障预警模型的构建需基于历史故障数据和状态特征参数，通过机器学习算法建立特征参数与设备故障类型之间的映射关系。常用算法有支持向量机、神经网络、决策树等，经过对大量正常运行数据和故障数据的训练后，模型能够根据实时采集的特征参数判断设备是否存在故障风险，并发出相应的预警信号。预警阈值的设定需综合考虑设备的运行特性和故障影响程度，影响系统安全运行的关键设备采用较低预警阈值以提高预警灵敏度，非关键设备可适当提高阈值以减少误报。

综合状态评估方法通过建立多维度的评估指标体系，对设备的健康状况进行量化评价。评估指标包括设备的运行时间、维护记录、实时状态参数、故障预警结果等，采用层次分析法、模糊综合评价法确定各指标的权重，计算设备的综合健康指数。健康指数的取值范围通常为0~100，数值越高表示设备状态越好，根据健康指数的大小可将设备状态划分为正常、注意、异常、故障等不同等级。综合状态评估结果能够为设备维护提供明确的指导，健康指数较低的设备可提前安排计划性维护，避免突发故障导致的系统停运；健康指数较高的设备可适当延长维护周期，降低维护成本。

第三节 火灾自动报警联动控制系统

一、火灾自动报警联动控制系统的组成

（一）火灾探测装置

1. 火灾探测器类型

火灾探测器根据探测原理的不同可分为感烟探测器、感温探测器、感光探测器、气体探测器和复合探测器，具体见表6-2。

表6-2 火灾探测器类型

探测器类型	探测原理	分类	适用场景及特性
感烟探测器	监测火灾产生的烟雾颗粒	离子感烟探测器、光电感烟探测器	离子感烟探测器：对微小烟雾颗粒灵敏度高，适用于阴燃火灾的早期探测；光电感烟探测器：通过烟雾对光线的散射或吸收作用触发报警，在潮湿或多粉尘环境中适用性更强
感温探测器	响应火灾引起的温度变化	定温探测器、差温探测器、差定温探测器	定温探测器：环境温度达到预设阈值时动作；差温探测器：对温度上升速率敏感；差定温探测器：结合两者特性，提高可靠性

续表

探测器类型	探测原理	分类	适用场景及特性
感光探测器	针对火焰的紫外或红外辐射进行探测	-	响应速度快，适用于易燃液体、气体火灾火焰蔓延迅速的场所
气体探测器	探测可燃气体泄漏或火灾产生的特定气体	如 CO 探测器等	CO 探测器常用于地下停车场等封闭空间
复合探测器	集成两种或多种探测原理	如感烟感温复合探测器等	能在不同火灾阶段提供全面监测，减少误报和漏报

2. 火灾探测器选型

火灾探测器的选型应综合考量建筑的使用功能、环境条件、火灾类型及安装要求。办公室、客房等人员密集且可燃物以固体为主的区域，因其火灾初期多产生大量烟雾，宜首选感烟探测器；厨房、锅炉房等高温、油烟环境则适合安装感温探测器或抗干扰特种感烟探测器。环境条件中，温度、湿度、粉尘浓度及气流速度直接影响探测器性能：高湿环境应选择防水探测器，多尘场所则需避免使用易被堵塞的离子感烟探测器。针对不同火灾类型，液体燃烧且火焰传播迅速的场所，感光探测器或气体探测器响应更快；阴燃火灾场所则应提高感烟探测器灵敏度。安装位置与间距需符合规范要求，高大空间应选择具备远距离探测能力的探测器或进行分层布置，以确保无探测盲区。

（二）手动报警装置

1. 手动报警按钮

手动报警按钮安装在建筑物公共区域走廊、楼梯间、电梯前室等人员易接触且明显的位置，安装高度距地面 1.3~1.5m 便于操作。其工作原理是人员按压触发部件使内部电路闭合，产生报警信号传输至火灾报警控制器。部分按钮设有保护盖或需持续按压一定时间防止误操作，触发后按钮通过红色指示灯闪烁或蜂鸣器发声提示操作成功，火灾报警控制器同步显示报警按钮具体位置信息，便于消防人员定位火灾区域。设置数量和间距根据建筑使用性质和疏散通道布局确定，每个防火分区至少设置一个，疏散通道上间距不大于30m，确保人员在疏散路径上能及时操作。

2. 消防电话

消防电话作为手动报警装置中的紧急通信专用设备，核心作用在于火灾发生时建立消防控制室与现场的直接语音通信，从而帮助指挥人员了解情况、下达指令并协调救援。其组成包括消防电话总机、分机和插孔：总机位于消防控制室，分机安装在手动报警按钮旁、消防水泵房、排烟机房等重要设备用房以及疏散楼梯间等关键位置，插孔则分布于各区域，供手持分机插入使用。该系统采用独立通信线路，确保火灾情况下通信不受其他系统故障影响，且通信质量清晰稳定。当人员发现火灾时，可通过分机或手持分机与控制室通话，报告火灾位置、火势及人员被困情况；控制室人员则通过总机指挥现场初期扑救或引导疏散，有效提升应急响应的效率与准确性。

（三）火灾报警控制器

1. 区域控制器

区域控制器用于特定区域内火灾探测与报警设备的集中管理控制，通常设在某一防火分区或楼层，接收区域内火灾探测器、手动报警按钮等设备的信号并进行初步处理判断。基本功能包括信号采集、故障监测、报警显示和与集中控制器通信。信号采集通过总线或专线与辖区探测设备连接，实时接收正常工作、报警、故障等状态信号。故障监测对连接设备、线路及自身硬件进行实时检测，发现故障或线路问题时发出故障报警并显示位置类型。报警显示通过指示灯、数码管或液晶屏等直观显示报警设备地址编码、类型和时间，发声光报警提醒值班人员。区域控制器与集中控制器通过通信线路连接，上传处理后的报警、故障和设备状态信息，接收集中控制器指令实现区域内联动设备局部控制。

2. 集中控制器

集中控制器是系统最高控制中心，设在消防控制室，负责汇总分析处理所有区域控制器上传的信息，根据预设联动逻辑向区域控制器或直接向联动设备发出控制指令。其主要功能涵盖信息汇总、火灾确认、联动控制、系统管理及远程通信。信息汇总功能接收多个区域控制器上传的报警、故障及设备状态信息，并分类存储与显示，以便值班人员全面掌握建筑火灾情况及系统运行状态。火灾确认通过综合判断多个探测设备的报警信号或结合手动报警按钮信号，确定火灾是否真实发生，避免因单个设备误报而引发不必要联动。联动控制为核心功能，在确认火灾后根据预先编程逻辑自动或手动启动消防泵、排烟风机、防火卷帘、应急照明等设备，控制火势蔓延并保障疏散通道畅通。系统管理允许管理人员设置参数、编程联动逻辑、查询与打印历史数据及进行系统自检维护。远程通信功能实现与城市消防远程监控系统的连接，上传火灾报警及系统运行数据至消防指挥中心，便于消防部门及时掌握情况并开展救援。

（四）联动控制设备

联动控制设备是火灾自动报警联动控制系统中执行具体消防措施的末端执行装置，火灾报警控制器确认火灾后发出控制指令启动这些设备，实现控制火势、排烟、疏散人员等消防功能。根据功能不同，主要包括消防泵、排烟风机、防火卷帘等。

1. 消防泵

消防泵为建筑消防系统提供消防用水，火灾时通过加压将消防水池或市政管网中的水输送至消火栓系统、自动喷水灭火系统等，确保灭火设备获得足够水压和水量。根据用途，消防泵可分为消火栓泵、喷淋泵和稳压泵，分别为室内消火栓系统、自动喷水灭火系统供水，并维持消防系统日常压力稳定以避免系统泄漏导致压力下降。启动方式包括自动和手动。自动启动由火灾报警控制器根据报警信号联动触发，在确认火灾后发出启动信号并通过控制柜启动消防泵；手动启动可在消防控制室手动控制盘或现场控制柜操作，确保自动启动失效时亦能启动。启动、停止、故障等运行状态信号实时反馈至火灾报警控制器，便于值班人员监控。

2. 排烟风机

排烟风机用于排除建筑物内火灾产生的烟雾和有毒气体，通过强制排风降低火灾区域烟雾浓度，改善疏散通道和救援区域能见度，减少有毒气体对人员危害，为疏散和扑救创造条件。根据安装位置分为屋顶、壁式和地下排烟风机，根据工作原理分为离心式和轴流式，前者适用于高压力、小流量场所，后者适用于大流量、低压力场所。其启动由火灾报警控制器根据火灾探测信号联动控制，当某一防烟分区发生火灾时，系统启动该分区排烟口及对应排烟风机，并关闭其他分区排烟口以确保排烟效果。排烟风机具有耐高温性能，能在280℃高温下连续工作一定时间，满足火灾扑救期间排烟需求。运行状态（运行、停止、故障等）信号反馈至火灾报警控制器，便于监控系统运行情况。

3. 防火卷帘

防火卷帘设置在建筑物防火分区之间、疏散通道出入口等位置，火灾时迅速下降形成防火屏障，阻止火势和烟雾蔓延，保障疏散通道安全和防火分区完整性。按帘面材质可分为钢质和无机纤维复合防火卷帘，按耐火性能可分为普通和特级防火卷帘，其中特级防火卷帘耐火极限更高，可替代防火墙使用。控制方式包含自动、手动和机械应急控制：自动控制由火灾报警控制器根据探测信号联动控制，两侧探测器报警后，卷帘先下降至距地面1.8m处停留供人员疏散，随后继续下降至全闭；手动控制可通过现场手动按钮或消防控制室控制盘操作；机械应急控制在断电或系统故障时可通过手动拉链或摇杆操作。其运行状态信号，实时反馈至火灾报警控制器，确保值班人员及时了解其工作状态。

二、火灾自动报警联动控制系统的工作原理

（一）火灾信号的探测与传输流程

火灾信号的探测与传输流程是火灾自动报警联动控制系统实现火灾早期预警的基础环节，该流程主要包括火灾信号的现场探测和信号的远距离传输两个核心步骤。火灾信号的探测由安装在建筑各区域的火灾探测器完成，火灾探测器是系统感知火灾的前端设备，其工作原理是通过敏感元件监测火灾发生时产生的特征物理参数，并将这些物理参数转换为可测量的电信号。不同类型的火灾探测器针对不同的火灾特征参数设计，感烟探测器通过检测空气中烟雾颗粒对光的散射或

吸收作用实现探测，当烟雾颗粒进入探测器内部的检测腔时，会改变光信号的传播路径或强度，导致探测器内部电路的输出信号发生变化；感温探测器则通过监测环境温度的异常升高或温升速率来触发信号，当温度达到预设阈值或温升速率超过设定值时，探测器内部的热敏元件会发生物理形变或电阻变化，从而输出报警信号。

信号的传输流程是将探测器输出的电信号准确、及时地传输至火灾报警控制器的过程。目前常用的传输方式主要包括有线传输和无线传输两种类型。有线传输通常采用双绞线、屏蔽电缆或消防总线作为传输介质，探测器输出的电信号经传输线路先发送至区域火灾报警控制器，区域控制器对信号进行初步的滤波和放大处理后，再通过主干线路上传至集中火灾报警控制器；无线传输则通过射频、LoRa 或 NB-IoT 等无线通信技术实现信号传输，探测器内置的无线发射模块将电信号转换为无线电磁波信号，经无线网关接收后转发至火灾报警控制器。在传输过程中，为确保信号的可靠性，系统会对信号进行编码处理，每个探测器具有唯一的地址编码，控制器通过地址编码识别信号来源的具体位置，采用校验码技术对传输信号进行错误检测，减少因线路干扰或传输损耗导致的信号失真。

（二）报警信号的识别与确认机制

报警信号的识别与确认机制是火灾自动报警联动控制系统避免误报、确保报警准确性的关键环节，该机制通过对传输至控制器的信号进行多层次分析和验证，最终判断是否真正发生火灾。报警信号的识别首先从信号的预处理开始，火灾报警控制器对接收到的原始电信号进行滤波处理，去除因线路电磁干扰、环境温度波动或探测器自身噪声产生的无效信号，随后对滤波后的信号进行放大和模数转换，将模拟信号转换为数字信号，以便控制器内置的微处理器进行数值分析。微处理器会提取数字信号的特征参数，包括信号的幅值、持续时间、变化速率等，这些特征参数是判断信号是否为火灾信号的重要依据。

报警信号的确认主要通过阈值判断和多信号交叉验证两种方式实现。阈值判断是将预处理后的信号特征参数与预设的报警阈值进行比较，报警阈值根据不同类型探测器的性能参数和建筑火灾危险性等级预先设定，感烟探测器的烟雾浓度阈值通常设定为0.1~0.3dB/m，感温探测器的温度阈值则根据使用环境不同设定为57℃、68℃或79℃等；当信号特征参数达到或超过预设阈值时，系统初步判定为可能发生火灾。多信号交叉验证是为进一步提高确认准确性而采用的补充机制，该机制通过比对同一探测区域内多个探测器的信号状态，若同一区域内的感烟探测器和感温探测器在短时间内先后发出报警信号，或多个同类型探测器发出报警信号，则可显著提高火灾确认的可信度；若仅单个探测器发出报警信号，系统会结合该探测器的历史运行数据和实时环境参数，判断是否为探测器故障或环境干扰导致的误报，必要时通过人工确认方式进行最终核实。

（三）联动控制指令的生成与执行过程

联动控制指令的生成与执行过程是火灾自动报警联动控制系统实现火灾控制和人员疏散的核心功能，该过程包括联动逻辑的触发、控制指令的生成与发送，以及联动设备的动作响应与状态反馈三个阶段。联动逻辑的触发以火灾报警控制器确认火灾发生为前提，控制器内部存储有根据建筑消防设计规范和火灾应急预案预先编制的联动控制逻辑程序，这些程序明确了不同火灾场景下需要启动的联动设备类型和动作顺序。当控制器确认火灾发生后，会根据火灾报警信号的地址编码确定火灾发生的具体楼层和区域，结合该区域的建筑功能和火灾危险性等级，从存储的联动逻辑程序中调用对应的控制逻辑，在办公楼层发生火灾时，联动逻辑程序会指定启动该楼层及相邻楼层的排烟风机、打开排烟口、关闭防火卷帘、切断非消防电源、启动应急照明和疏散指示标志等。

控制指令的生成与发送是将联动逻辑转化为具体设备动作指令并传输至联动设备的过程。火灾报警控制器根据调用的联动逻辑程序，生成针对各联动设备的控制指令，这些指令包含设备地址编码、动作类型（启动、停止、切换等）和动作参数（排烟风机的运行频率、防火卷帘的下降位置等），控制器通过编码模块将这些指令转换为符合消防联动通信协议（RS485、Modbus或CAN总线协议）的数字信号，经控制总线发送至各联动设备对应的控制模块（输入输出模块、控制模块）。联动设备的动作响应与状态反馈是联动控制过程的最终环节，控制模块接收到控制指令后，通过继电器或电子开关驱动联动设备执行相应动作，排烟风机控制模块接收到启动指令后接通风机电源使其运转，防火卷帘控制模块接收到下降指令后驱动电机带动卷帘下降至距地面 1.8m 的位置（用于人员疏散阶段）或完全关闭（用于防火分隔阶段）。联动设备在动作执行过程中，会通过反馈线路将自身的运行状态信号（运行、停止、故障等）发送回火灾报警控制器，控制器对反馈信号进行实时监测，若发现设备未按指令动作或动作异常（如风机启动后无运行反馈），会立即在消防控制室的显示面板上发出故障报警提示，并记录故障设备的地址和类型，以便维护人员及时处理。

三、火灾自动报警联动控制的逻辑设计

（一）区域报警与集中报警逻辑设计

区域报警与集中报警逻辑设计是火灾自动报警系统信息处理的基础环节，其核心在于明确不同层级报警控制器的功能划分与协同机制。区域报警控制器主要负责特定监测区域内火灾探测器信号的采集与初步处理，当区域内感烟探测器、感温探测器或手动报警按钮等设备触发报警信号时，区域控制器需首先对信号进行有效性验证，排除因设备故障或环境干扰导致的误报，随后启动本地声光报警装置，提示该区域内人员注意火情。集中报警控制器则承担着多区域报警信息的汇总、分析与综合判断功能，它通过数据通信线路接收各区域控制器上传的报警信号，结合预设的建筑平面布局信息，在显示界面上精准标注火灾发生的具体位置和报警设备类型。逻辑设计中需重点考虑区域与集中控制器之间的通信可靠性，通常采用冗余通信线路和数据校验机制，确保报警信号在传输过程中不丢失、不失真。集中报警系统还应具备报警优先级处理能力，当多个区域同时上报报警信号时，系统能根据各区域的火灾风险等级自动排序，优先响应高风险区域的报警信息，为后续的联动控制决策提供准确依据。

（二）消防设备联动控制逻辑设计

消防设备联动控制逻辑设计的关键在于建立火灾报警信号与消防设备动作之间的确定性关联规则，确保在火灾确认后相关设备能及时、准确启动。联动控制

的触发条件需严格设定，一般情况下，系统需接收到至少两个独立火灾探测器的报警信号（同一区域内感烟探测器与感温探测器报警），或一个火灾探测器报警信号与手动报警按钮触发信号的组合，方可判定为真实火情并启动联动程序，以减少误联动情况的发生。针对不同类型的消防设备，需制订差异化的联动逻辑，消防水泵的联动控制需与火灾区域的喷淋系统分区相对应，当确认某一喷淋分区发生火灾时，系统应立即启动该分区的消防水泵，监测水泵的运行状态（流量、压力等参数），并将状态信息实时反馈至控制中心。排烟风机的联动逻辑则需结合建筑的防烟分区划分，当火灾发生在某一防烟分区时，系统不仅要启动该分区内的排烟风机，还需联动关闭相邻分区的防火阀，防止烟气扩散至非火灾区域，开启火灾区域的补风机，维持排烟区域的空气压力平衡。此外，消防设备联动控制逻辑还应包含设备故障应急处理机制，当主用消防设备（主消防水泵、主排烟风机）发生故障时，系统能自动切换至备用设备，并发出故障报警信号，保障消防设备在火灾期间的持续有效运行。

（三）应急疏散联动控制逻辑设计

应急疏散联动控制逻辑设计的目标是通过动态调整疏散引导设施和相关系统，最大限度保障建筑内人员的安全撤离。疏散指示标志的联动控制是其中的重要组成部分，系统需根据火灾确认位置实时调整指示方向，当某一疏散通道因火灾被阻断时，该通道上的疏散指示标志应立即切换为“禁止通行”状态，相邻通道的指示标志则指向最近的可用安全出口，确保人员疏散路线始终避开火灾区域和烟气蔓延路径。应急照明系统的联动逻辑需与疏散指示标志协同工作，当火灾报警信号确认后，系统应迅速切断火灾区域及疏散通道上的普通照明电源，自动启动应急照明灯具，保证疏散通道的光照强度符合规范要求（一般不应低于1. 0lx），为人员疏散提供充足照明。应急广播系统的联动控制需分阶段实施，初期阶段仅对火灾区域及相邻区域进行定向广播，提示该范围内人员立即疏散；随着火灾发展和疏散进度推进，再扩大至全楼广播，广播内容应简洁清晰，包含当前火灾位置、推荐疏散路线和注意事项，包括低姿前进、勿乘电梯等。电梯系统的联动控制需严格遵循消防安全规范，当火灾报警信号确认后，所有普通电梯应立即停止正常运行，自动迫降至建筑首层并打开轿厢门，随后切断电梯电源；消防电梯则保持待命状态，供消防救援人员专用，系统同步监测消防电梯的运行状态，确保其在火灾期间的可靠性。

四、火灾自动报警联动控制系统的性能要求

（一）系统可靠性与稳定性要求

系统可靠性与稳定性是火灾自动报警联动控制系统正常运行的基础保障，直接关系到火灾探测、报警及联动控制功能的有效实现。可靠性强调系统在规定条件和时间内完成预定功能的能力，稳定性关注系统在长期运行过程中性能参数的保持能力，两者共同构成系统安全运行的核心指标。

1. 硬件组件的可靠性要求

硬件组件是系统运行的物理基础，其可靠性要求涵盖探测器、火灾报警控制器、联动控制模块、通信接口等关键设备。探测器作为前端感知设备，须具备较高的平均无故障工作时间，即 MTBF，确保在火灾发生时能够准确感知烟雾、温度、火焰等物理参数，在非火灾情况下避免因自身故障导致的误动作。火灾报警控制器作为系统核心，应采用高可靠性的微处理器和存储单元，支持双机热备或冗余设计，当主控制器出现故障时，备用控制器能在规定时间内自动切换并接管全部功能，保障系统不中断运行。联动控制模块须具备稳定的输出驱动能力，确保对消防水泵、排烟风机、防火卷帘等联动设备的控制指令准确执行，且在长期通电状态下保持性能稳定。

2. 软件系统的稳定性要求

软件系统是实现系统逻辑控制和数据处理的关键，其稳定性要求包括操作系统的稳定性、应用程序的运行稳定性以及数据处理的准确性。操作系统应选用经过验证的嵌入式实时操作系统，具备良好的任务调度能力和资源管理能力，避免因系统崩溃或卡顿导致的功能失效。应用程序需通过严格的测试流程，确保在复杂工况下不出现逻辑错误，报警信号的优先级排序、联动逻辑的触发条件判断等核心算法需保持稳定运行。数据处理方面，系统需对探测数据、设备状态数据等

进行实时存储和备份，采用差错校验机制确保数据传输和存储过程中的准确性，避免因数据丢失或错误导致的控制决策失误。

3. 系统整体的抗干扰能力要求

智能建筑环境中存在电力设备、通信设备、电梯系统等多种电磁干扰源，系统整体须具备较强的抗干扰能力以保障运行稳定性。在电磁兼容性方面，系统应符合相关国家标准对电磁辐射和抗扰度的要求，探测器、控制器等设备需采用屏蔽设计和滤波技术，减少外部电磁干扰对信号采集和传输的影响。电源系统须具备抗电压波动和浪涌保护能力，配置不间断电源可应对突发停电情况，确保系统在断电后仍能维持规定时间的正常运行。此外，系统还须具备一定的环境适应性，温度、湿度、粉尘等环境参数在设计范围内波动时，性能指标应保持不超出允许偏差范围。

（二）报警响应时间与准确性要求

报警响应时间与准确性是衡量火灾自动报警联动控制系统实时性和有效性的关键性能指标，直接影响火灾初期的应急处置效率和人员疏散安全。响应时间体现系统从火灾发生到发出报警信号的快速性，准确性反映系统对火灾事件判断的正确性，两者需协同满足实际应用需求。

1. 报警触发阈值的准确性要求

报警触发阈值是探测器判断火灾发生的临界参数，其准确性直接影响系统的误报率和漏报率。不同类型的探测器需根据其探测原理设置合理的阈值，点型感烟探测器的烟雾浓度阈值应基于火灾烟雾的光学特性确定，感温探测器的温度阈值需考虑环境温度的正常波动范围和火灾升温速率。系统在设计阶段需通过模拟试验和现场调试，确保阈值设置既能准确识别真实火灾信号，又能有效排除烹饪油烟、水蒸气、灰尘等非火灾干扰因素。阈值应具备可调节性，以适应不同建筑空间的使用功能和环境条件变化，在厨房区域可适当提高感烟探测器的阈值，减少误报发生。

2. 响应时间的量化指标要求

响应时间是指从火灾参数达到报警阈值的时刻起，至系统发出声光报警信号并在火灾报警控制器上显示报警信息的时间间隔。根据相关设计规范，系统的报警响应时间应控制在规定范围内，点型火灾探测器的报警响应时间通常要求不大于 90s，具有复合探测功能的探测器响应时间可适当缩短以提高早期报警能力。为满足这一要求，系统需优化信号采集和传输路径，采用高速通信总线技术减少数据传输延迟，简化报警判断算法的计算复杂度，确保控制器能快速完成数据处理和报警决策。

3. 多探测点数据融合的准确性要求

在大型智能建筑中，单个探测区域可能部署多个不同类型的探测器，系统需通过多探测点数据融合技术提高报警准确性。数据融合过程中，系统需对各探测器的监测数据进行时空关联分析，结合火灾发展的物理规律判断是否为真实火灾。当某区域的感烟探测器与感温探测器均发出报警信号，且相邻区域探测器未出现异常时，系统可判定为局部火灾；若仅有单个感烟探测器报警，且环境湿度较高，则可能判断为干扰信号并延迟报警或不报警。数据融合算法须具备自学习能力，通过长期运行积累的历史数据不断优化判断模型，进一步降低误报率和漏报率，提高系统对复杂火灾场景的适应能力。

（三）系统兼容性与扩展性要求

1. 接口标准的兼容性要求

接口标准的兼容性是系统实现互联互通的基础，要求火灾自动报警联动控制系统的硬件接口和软件接口符合通用标准或行业规范。硬件接口方面，探测器与控制器之间的连接应支持包括 RS-485、CAN 总线等标准的总线接口，便于不同厂商设备的替换和扩展；联动控制模块的输出接口应符合包括继电器输出、模拟量输出等电气设备通用接口标准，确保与消防水泵、排烟风机等不同类型的联动设备实现物理连接。软件接口方面，系统应支持包括 REST API、OPC UA 等开放的应用程序编程接口，便于与建筑信息模型系统、物业管理系统等进行数据交互和集成。接口标准的兼容性还需考虑不同版本标准的向下兼容，确保系统在进行局部升级时，原有设备和接口仍能正常工作。

2. 数据通信协议的一致性要求

数据通信协议的一致性可确保系统内部及与外部系统之间数据传输的准确性和可靠性。系统内部各设备之间的数据传输应采用标准化的通信协议，火灾报警系统专用协议或通用工业控制协议均适用，协议内容需明确数据帧格式、传输速率、校验方式等关键参数，避免因协议不一致导致的数据丢失或错误。与外部系统的数据通信应采用被广泛认可的标准协议，与建筑设备自动化系统通信时采用BACnet 协议，与智慧城市平台通信时采用 MQTT 协议，确保不同系统之间能够正确解析和处理数据。通信协议还应具备良好的安全性，采用数据加密和身份认证机制，防止数据在传输过程中被篡改或窃取，保障系统运行的安全性。

3. 系统功能模块的可扩展性要求

系统功能模块的可扩展性要求系统架构采用模块化设计，支持通过增加或替换功能模块实现系统升级和功能扩展，无须对整体系统进行大规模改造。在硬件层面，控制器应具备可扩展的插槽或接口以支持新增探测器回路、联动控制模块或通信模块，建筑扩建时可通过增加回路板扩展探测区域而无须更换主控制器。在软件层面，系统应采用分层架构和组件化设计，各功能模块通过标准化接口交互，新增智能分析功能时可直接集成智能算法模块，与现有数据采集模块和控制模块实现无缝对接。此外，系统应支持远程升级功能，通过网络对控制器和设备的固件、软件进行在线更新，减少现场维护工作量，提高系统升级的便捷性。功能模块的可扩展性还需考虑未来技术发展趋势，预留对新兴技术的支持能力，延长系统的技术生命周期。

第四节　智能安防系统

一、智能安防系统的构成与架构

智能安防系统的构成见表 6-3。

表 6-3 智能安防系统的构成

层级名称	核心功能	关键要求	重要性
物理层	通过部署各类前端感知设备，实现对建筑内外环境的实时状态采集	设备性能良好，部署合理，直接影响安防系统的整体监测精度和响应效率	是系统与物理环境直接交互的基础层级，如同系统的“感知器官”
网络层	连接物理层前端设备与平台层数据处理中心，负责安防数据的高效、稳定传输	满足数据传输的实时性、可靠性和安全性要求，兼顾网络的可扩展性以适应系统未来升级	是关键纽带，保障数据顺畅流转，确保信息及时传递
平台层	集成数据存储、智能分析和集中控制功能，实现对前端设备的统一管理和安防业务的智能化调度	具备强大的数据处理能力，其性能直接决定系统的数据分析能力和事件响应效率	是系统的核心中枢，是提升安防系统智能化水平的关键所在
应用层	整合平台层的数据分析成果，为不同场景的安全管理需求提供多样化安防业务服务	功能设计以用户实际业务需求为导向，提升操作便捷性与功能实用性以优化用户体验	是直接面向用户的交互界面，决定用户对系统的使用感受和功能满足度

（一）物理层：前端安防设备部署

1. 图像采集设备

图像采集设备是物理层中实现可视化监控的核心组件，主要用于捕捉监控区域的动态图像信息。高清网络摄像机是当前主流设备，其分辨率通常达到 200 万像素及以上，支持 H. 265 等高效编码格式，可在保证图像质量的前提下减少存储空间占用。红外摄像机则通过红外补光技术实现夜间无光源环境下的清晰成像，适用于停车场、楼道等光线不足的区域。全景摄像机通过广角镜头或多镜头拼接技术，能够实现对大面积区域的无死角监控，常见于广场、大堂等开阔空间。设备部署需根据监控目标的距离、范围及环境光照条件进行选型，室内办公区多采用半球型摄像机以兼顾隐蔽性和美观性，室外周界则优先选择枪型摄像机配合防护罩以提升耐用性。

2. 入侵检测设备

入侵检测设备用于感知未经授权的人员或物体进入设防区域，是物理层中实现主动防御的关键设备。红外对射探测器通过发射和接收红外光束形成无形防线，光束被遮挡时触发报警信号，适用于围墙、栏杆等周界防护。振动传感器通过检测物体振动幅度和频率判断是否存在非法闯入行为，常用于玻璃幕墙、保险柜等特定目标的防护。微波探测器利用微波多普勒效应可对移动目标进行探测，具有穿透能力强、受环境干扰小的特点，适合在复杂环境中使用。设备部署需结合防护区域的地形特征和安全等级，周界防护宜采用多技术融合的探测器组合，以降低单一技术的误报率。

3. 环境感知设备

环境感知设备用于监测建筑内的物理环境参数，为安防系统提供辅助决策信息以保障建筑环境的安全性。烟雾探测器通过检测空气中的烟雾颗粒浓度实现火灾的早期预警，根据探测原理可分为离子式和光电式，光电式探测器在民用建筑中应用尤为广泛，原因在于其对阴燃火的灵敏度较高。温湿度传感器实时采集环境温度和湿度数据，当温度异常升高或湿度过高时，可联动空调系统进行调节，并为火灾报警提供温度辅助判断依据。噪声传感器和照度传感器分别监测环境噪声水平和光照强度，为安防系统的智能化联动提供数据支持，在照度低于阈值时自动开启辅助照明设备，以提升图像采集设备的成像效果。

（二）网络层：安防数据传输网络构建

1. 传输介质选择

传输介质的选择直接影响数据传输速率和抗干扰能力，需根据传输距离、带宽需求及环境条件综合确定。有线传输介质中，超五类双绞线适用于短距离（100m 以内）中低带宽的场景，室内摄像机与接入交换机之间的连接便常用此类线缆，其成本较低且施工便捷。光纤传输则凭借低损耗、高带宽和强抗干扰能力，成为长距离传输的首选，从楼层接入交换机到中心机房的主干线路多采用此类传输方式，多模光纤可支持 550m 以内的高速传输，而单模光纤的传输距离可达数十千米。无线传输介质包括 Wi-Fi、LoRa 和 5G 等，Wi-Fi 适用于移动设备或布线困难区域的临时接入，LoRa 凭借低功耗、广覆盖特性常用于低速率传感器数据传输，5G 则为高清视频流的移动传输提供了高带宽和低时延支持，适合无人机巡检等应用场景。

2. 网络拓扑结构设计

网络拓扑结构设计需确保数据传输路径的冗余性和可靠性，常见的拓扑结构包括星型、环型和总线型。星型拓扑以中心交换机为核心，所有前端设备通过独立线路连接至中心节点，具有故障定位简单、扩展性强的优点，是安防网络中最常用的拓扑结构，适用于中小型智能建筑的安防系统。环型拓扑通过将网络节点首尾相连形成闭合环路，具备路径冗余能力，某一段线路故障时数据可通过反向路径传输，适用于对可靠性要求较高的大型建筑周界安防网络。总线型拓扑通过一条主干线路连接所有设备，结构简单但故障影响范围大，目前已较少在新建安防系统中采用。实际应用中常采用混合拓扑结构，主干网络采用环型保障可靠性，接入层采用星型提升灵活性。

3. 数据传输协议适配

数据传输协议是保障不同设备和系统之间数据交互的规则体系，需根据数据类型和传输需求选择适配的协议。TCP/IP 协议簇是安防网络的基础协议，其中 IP 协议负责数据的路由和寻址，TCP 协议提供可靠的面向连接的数据传输服务，适用于对数据完整性要求较高的控制指令传输；UDP 协议则提供无连接的快速传输服务，常用于实时视频流的传输以减少时延。ONVIF 协议作为视频监控领域的开放标准，定义了网络视频设备之间的接口规范，支持设备发现、实时视频传输、云台控制等功能，有效解决了不同厂商设备之间的兼容性问题。MQTT 协议作为轻量级的发布/订阅模式协议，具有低带宽占用和低功耗特性，适用于物联网传感器数据的传输，可实现大量环境感知设备的高效接入。

（三）平台层：安防管理与控制平台

1. 数据存储与管理模块

数据存储与管理模块负责对前端设备采集的视频流、报警信息和环境数据进行统一存储和高效管理。存储架构通常采用分布式存储系统，通过将数据分散存储在多个物理节点上，实现存储容量的横向扩展和数据冗余备份，提高数据存储的可靠性和访问效率。视频数据因其容量大、实时性要求高的特点，多采用NVR（网络视频录像机）进行本地存储，通过云存储技术实现远程备份和归档，满足长时间数据留存需求。数据库管理系统则用于结构化数据的存储和查询，包括设备状态信息、报警记录和用户操作日志等，关系型数据库（MySQL）适用于结构化程度高、事务性强的数据管理，而NoSQL数据库（MongoDB）则更适合存储非结构化的日志数据和传感器数据流。数据生命周期管理功能可根据数据重要性和存储策略，自动实现数据的分级存储、迁移和删除，优化存储空间占用。

2. 智能分析与处理引擎

智能分析与处理引擎是平台层实现智能化的核心组件，通过运用计算机视觉、模式识别等技术对采集的数据进行深度分析，提取有价值的安防信息。视频结构化分析技术可对视频流中的目标进行检测、跟踪和属性提取，识别人员的性别、年龄、衣着特征以及车辆的车牌号、车型、颜色等，将非结构化的视频数据转化为结构化的属性信息，便于快速检索和事件分析。行为分析算法能够对区域入侵、越界行走、徘徊逗留、物品遗留等异常行为进行实时监测，检测到异常时自动触发报警信号。人脸识别技术通过将采集的人脸图像与数据库中的模板进行比对，实现人员身份的快速核验，可应用于出入口控制、重点人员布控等场景。智能分析引擎的性能优化需考虑算法的准确率和实时性之间的平衡，通常采用GPU加速或边缘计算技术，将部分分析任务下沉至前端设备，减少中心平台的计算压力。

3. 集中控制与联动模块

集中控制与联动模块实现对前端安防设备的统一管理和跨系统的协同联动，提升安防系统的整体响应能力。设备管理功能支持对摄像机、探测器、控制器等前端设备的参数配置、状态监控和远程控制，包括调节摄像机的焦距、光圈，控制云台的转动方向，以及远程开启或关闭报警设备。联动控制功能是集中控制模块的核心，当某一设备触发报警时，系统可自动启动预设的联动策略，当入侵探测器报警时，自动联动附近的摄像机转向报警区域并开启录像，触发声光报警器发出警示信号以及通知安保人员及时处理。联动策略可通过可视化的配置界面进行自定义，支持设备之间的逻辑关系设置，当A区域红外对射报警且B区域摄像机检测到人员移动时，触发 C 区域的照明设备开启。集中控制模块还可与建筑设备自动化系统、消防系统等其他建筑智能化系统进行集成，实现跨系统的信息共享和协同联动，火灾报警时自动关闭相关区域的门禁，引导人员疏散。

（四）应用层：安防业务功能实现

1. 实时视频监控功能

实时视频监控功能是应用层最基础也是最核心的功能，通过将前端摄像机采集的视频流实时传输至监控中心，实现对建筑内外关键区域的可视化监控。多画面显示功能支持在监控客户端显示多个摄像机的实时画面，用户可根据需要选择单画面、四画面、九画面等不同显示模式，并可通过鼠标拖拽实现画面切换和放大。视频轮巡功能允许用户预设监控点序列和轮巡时间间隔，系统按照设定的顺序自动切换显示不同监控点的画面，适用于大规模监控系统的日常巡检。录像回放功能支持对历史视频数据的检索和回放，用户可通过时间、摄像机编号、事件类型等条件快速定位所需视频片段，并可进行播放、暂停、快进、慢放等操作，为事件调查和事后分析提供依据。部分高级系统还具备视频增强功能，如数字降噪、宽动态范围调整等，可提升复杂环境下的视频画质。

2. 入侵报警与联动功能

入侵报警与联动功能通过对前端入侵检测设备的报警信号进行接收、处理和联动响应，实现对非法入侵行为的及时防范和处置。报警信息管理功能将前端设备发送的报警信号进行分类显示，包括周界入侵、玻璃破碎、移动侦测等报警类型、报警位置、报警时间等信息，并以声音、闪烁图标等方式提醒监控人员注意。报警级别划分功能根据事件的严重程度将报警信息分为不同级别，一级报警对应紧急入侵事件，需立即处置；二级报警对应可疑行为，需重点关注；三级报警对应系统故障，需及时维护。联动响应功能在接收到报警信号后，自动启动预设的联动措施，除联动前端设备外，还可通过短信、APP 推送等方式将报警信息发送给相关责任人，确保报警事件得到快速响应。事件处理记录功能可对报警事件的处置过程进行记录，包括处理人员、处理时间、处理措施和处理结果等，形成完整的事件处理闭环。

3. 出入控制与身份认证功能

出入控制与身份认证通过管理人员和车辆的进出权限，阻止未授权人员进入受控区域，保障建筑内部的人员与财产安全。身份认证方式包含卡片认证、生物特征认证和密码认证，卡片认证读取IC卡或ID卡内的身份信息以核验权限，操作便捷且成本较低，适用于普通办公区域；指纹识别、人脸识别、虹膜识别等生物特征认证具有唯一性和不可复制性，安全性更高，适用于重要机房、财务室等核心区域。权限管理功能支持为不同用户设置差异化出入权限，具体涵盖允许进入的区域与允许出入的时间段，普通员工仅可在工作时间进入办公区域，管理人员则拥有全天候通行权限。出入记录查询功能记录并存储所有人员和车辆的出入信息，用户可依据身份信息、出入时间、出入区域等条件查询统计，为人员管理和安全审计提供数据支持。

二、智能安防系统的关键技术

（一）高清视频监控与智能分析技术

1. 高清视频采集技术

高清视频采集技术是获取高质量监控图像的基础，其核心在于提升图像的分辨率、帧率与环境适应性。当前主流的高清摄像头已普遍支持4K甚至8K分辨率，通过增加像素数量和优化光学镜头设计，能够捕捉到监控场景中更多细节信息，如人员面部特征、物体纹理等。高动态范围（HDR）技术的应用有效解决了强光或逆光环境下图像过曝或欠曝的问题，宽动态范围可达120dB以上，确保在复杂光照条件下仍能呈现清晰图像。低照度成像技术通过增大光圈、提高感光元件灵敏度等方式，实现了在夜间或弱光环境下的彩色成像，进一步扩展了监控系统的适用场景。

2. 视频智能分析算法

视频智能分析算法是实现监控智能化的关键，通过对视频流数据的实时处理，完成目标检测、行为识别与异常预警等功能。基于深度学习的目标检测算法

(YOLO 系列、Faster R-CNN 等)是当前的主流技术，这类算法通过构建深度神经网络模型，能够快速准确地识别视频中的行人、车辆、物体等目标，并实现多目标实时追踪，追踪精度可达 95%以上。行为识别技术在目标检测的基础上，通过分析目标的运动轨迹、姿态变化等特征，判断其行为模式，奔跑、徘徊、聚集等异常行为可触发预警机制。

3. 视频数据存储与传输优化

视频数据具有数据量大、实时性要求高的特点，其存储与传输优化是确保系统高效运行的重要环节。在数据压缩方面，H. 265/HEVC 编码标准相比传统的 H. 264/AVC 标准，能够在相同图像质量下减少 50%的码率，显著降低存储容量和网络带宽占用。超高清视频场景中，新兴的 H. 266/VVC 编码标准进一步提升了压缩效率，为 8K 视频的传输与存储提供了技术支持。在传输架构上，边缘计算技术的引入将部分数据处理任务下沉至前端边缘节点，仅将关键信息（异常事件片段等）上传至中心平台，减少了核心网络的传输压力。存储方面，采用分布式存储系统结合云存储技术，实现视频数据的分级存储，近期数据本地快速访问，历史数据云端归档，兼顾了存储性能与成本效益。

（二）入侵检测与周界防范技术

1. 周界探测传感器技术

周界探测传感器是入侵检测的前端感知设备，根据探测原理的不同可分为多种类型，适用于不同的周界环境。红外对射传感器通过发射和接收红外光束，当光束被遮挡时触发报警，具有安装简便、成本低的特点，适用于直线型周界如围墙、栅栏等场景。振动光纤传感器则通过感知光纤在受到外力振动时产生的光信号变化实现探测，其探测距离可达数千米，且不受电磁干扰，适用于复杂地形或易燃易爆区域。微波雷达传感器利用多普勒效应，通过发射微波信号并接收反射信号的频率变化，判断是否有移动目标入侵，具有穿透雾、雨、雪等恶劣天气的能力，适合室外全天候环境使用。

2. 入侵行为识别与定位

入侵行为识别与定位技术通过对多传感器数据的融合分析，提升入侵检测的准确性和定位精度，降低误报率。单一传感器易受环境干扰（红外对射受小动物遮挡、振动光纤受车辆驶过影响），而多传感器数据融合技术将不同类型传感器（微波雷达与视频摄像头）采集的数据进行关联分析，利用各传感器的优势互补实现对入侵行为的综合判断。当微波雷达检测到移动目标时，联动附近的高清摄像头进行图像采集，通过视频智能分析算法确认目标是否为非法入侵人员，从而有效排除非入侵干扰因素。在定位方面，基于时间差定位（TDOA）或到达角定位（AOA）技术，结合多个传感器节点的部署位置，可实现对入侵点的三维坐标定位，定位误差通常可控制在 1m 以内，为安保人员的快速响应提供准确位置信息。

3. 联动响应机制

联动响应机制是入侵检测系统与其他安防子系统协同工作的核心，通过建立标准化的通信协议和联动规则，实现入侵事件的快速处置。当入侵检测系统触发报警后，首先通过内部协议将报警信息（包括入侵位置、时间、传感器类型等）发送至安防管理平台，平台根据预设规则自动启动联动操作，包括联动视频监控系统将入侵区域的摄像头画面切换至主监控屏并启动录像功能，联动声光报警系统在入侵区域发出高分贝警报和强光闪烁以形成威慑，联动门禁控制系统锁定附近区域通道门防止入侵者向内扩散，以及联动电子地图系统在监控中心显示入侵位置及周边安保力量分布以辅助管理人员调度决策。

（三）生物识别与身份认证技术

1. 主流生物特征识别技术

主流生物特征识别技术基于不同的人体特征维度发展而来，各技术在识别精度、适用场景和用户接受度上存在差异。指纹识别技术通过采集手指表面的纹路特征如嵴线、指纹节点（minutiae 点）进行身份验证，其技术成熟度高、识别速度快（平均识别时间小于 1s），且设备成本较低，广泛应用于门禁、考勤场景。人脸识别技术利用摄像头采集人脸图像，通过提取面部特征点（眼睛、鼻子、嘴巴的相对位置和形状）进行匹配，具有非接触式的优势，适用于公共场所的快速身份核验，智能楼宇的访客登记、电梯楼层权限控制等场景。虹膜识别技术则通过采集人眼虹膜区域的独特纹理特征进行识别，其错误拒绝率（FRR）和错误接受率（FAR）极低，安全性居各生物识别技术之首，主要应用于高安全等级区域，数据中心、重要实验室的出入控制。静脉识别技术（包括指静脉、掌静脉）通过近红外光照射人体皮肤，采集皮下静脉血管的分布图案作为特征，具有活体检测能力强、不易受表皮损伤影响的特点，适用于对防伪要求较高的场景。

2. 多模态生物识别融合

单一生物特征识别技术在实际应用中可能面临局限性，指纹识别受手指潮湿或破损影响，人脸识别则在光照不足或佩戴口罩时精度下降。多模态生物识别融合技术通过结合两种或多种生物特征（人脸+指纹、虹膜+指静脉等）进行身份认证，利用不同特征的互补性提升系统的整体性能。融合可发生在数据层、特征层或决策层：数据层融合直接对原始生物特征数据进行合并处理，保留最完整的信息，但对数据同步性要求高；特征层融合提取各生物特征的关键特征向量后进行组合，减少数据冗余的同时保留判别信息；决策层融合则对各单模态识别结果进行综合判断（基于加权投票、贝叶斯决策等方法），实现最终的身份认证。多模态融合不仅能提高识别准确率（FAR 可降低至 9~10，或者更低），还能增强系统的抗攻击能力和环境适应性，满足不同安全等级场景的需求。

（四）物联网与云计算在安防中的应用技术

1. 安防物联网感知层构建

安防物联网感知层是连接物理世界与信息系统的桥梁，通过部署各类传感器节点实现对安防要素的全面感知。感知层设备包括视频摄像头、入侵探测器、门禁读卡器、烟感报警器、红外测温仪等，这些设备通过有线（以太网、RS485 总线）或无线（Wi-Fi、蓝牙、LoRa、NB-IoT）方式接入网络。低功耗广域网（LPWAN）技术在安防物联网中应用广泛，LoRa 技术具有传输距离远（可达 10km）、功耗低（电池寿命可达 5~10 年）、抗干扰能力强的特点，适合部署在大面积户外周界的传感器节点；NB-IoT 技术依托运营商基站覆盖，无须自建网络，适合城市级安防监控中的分散式传感器接入。感知层设备还具备一定的智能处理能力，边缘计算节点可对采集的原始数据进行预处理（视频帧压缩、异常数据过滤），仅将关键信息上传至云端，减少网络传输压力和数据冗余。

2. 云计算平台的数据处理与存储

云计算平台为智能安防系统提供了强大的计算资源和存储能力，支持海量安防数据的集中管理、深度分析与共享应用。在数据存储方面，云平台采用分布式存储架构（Hadoop HDFS），将视频录像、传感器数据、事件日志等数据分散存储于多个节点，实现数据的高可靠性和可扩展性，存储容量可根据需求动态扩展至 PB 级甚至 EB 级。在数据处理方面，云平台利用分布式计算框架（Spark、Flink）对海量数据进行并行处理，支持实时流处理和离线批处理两种模式：实时流处理可对摄像头视频流、传感器实时数据进行即时分析，实现异常事件的快速预警；离线批处理则对历史数据进行深度挖掘，通过分析人员活动轨迹总结区域流量规律，为安防资源配置提供决策支持。

3. 云边协同的智能安防架构

云边协同架构通过整合边缘计算与云计算的优势，实现智能安防系统的高效运行与智能化升级。边缘节点部署在靠近数据采集源的位置，负责实时数据处理和本地决策。智能摄像头、边缘网关这类设备中，智能摄像头内置 AI 芯片，可直接进行目标检测和行为分析，发现异常时立即触发本地报警，响应延迟控制在毫秒级。面对跨区域多摄像头目标追踪、长期趋势预测等需要全局分析或复杂计算的任务，边缘节点将处理后的关键数据上传至云端，由云平台进行全局优化和深度分析。云边协同支持模型的协同训练，云端利用海量数据训练通用 AI 模型，再将轻量化模型下发至边缘节点，边缘节点根据本地数据对模型进行微调，提升模型在特定场景下的识别精度。这种架构不仅降低了核心网络的带宽需求，提高了系统响应速度，还增强了系统的可靠性，在网络中断时边缘节点仍能维持基本安防功能。

三、智能安防系统的主要子系统

（一）视频监控子系统：摄像机选型与布局

1. 摄像机选型

摄像机选型需综合考虑监控场景的功能需求、环境特征及技术参数匹配性。首先，分辨率是选型的基础指标，高清（1080P）及以上分辨率摄像机适用于出入口、电梯轿厢等对细节识别要求较高的区域；标清摄像机可用于开阔区域的大范围监控。其次，镜头类型需根据监控距离与视角需求确定，定焦镜头适用于固定目标监测，变焦镜头则适用于停车场出入口等需灵活调整监测范围的场景。此外，环境适应性参数不可忽视，室外环境需选用具备防水、防尘（IP66及以上等级）及宽动态范围功能的摄像机，以应对强光、逆光或夜间低照度条件；室内环境则可侧重选择外形美观、隐蔽性强的半球型摄像机。

2. 摄像机布局

摄像机布局应遵循“无死角、全覆盖”的基本原则，兼顾重点区域强化与资源优化配置。在覆盖范围设计上，需通过现场勘查确定监控区域的物理尺寸与拓扑结构，采用交叉覆盖方式消除单一摄像机的监控盲区，走廊两端分别安装摄像机即可实现双向覆盖。安装位置选择需考虑视线遮挡因素，避免被墙体、立柱或绿化植物遮挡镜头，控制摄像机与监测目标的距离，确保在镜头焦距范围内获取清晰图像。对于重点安防区域应采用多机位冗余布局，通过主摄像机与辅助摄像机的协同工作提升监控可靠性；对于公共区域，可采用点阵式布局以降低设备成本，保证基本监控需求。

（二）入侵报警子系统：探测器类型与安装

1. 探测器类型

探测器类型的选择需基于防护区域的物理属性与入侵方式特征。主动红外探测器适用于室外周界防护，通过发射与接收红外光束形成无形警戒防线，当光束被遮挡时触发报警，其探测距离可达数十米~数百米，适用于围墙、栅栏等线性边界。被动红外探测器则依赖人体红外辐射进行探测，适用于办公室、储藏室等室内空间，其特点是无须外部光源、隐蔽性强，但易受环境温度、宠物活动等因素干扰，需配合微波探测器组成双鉴探测器以降低误报率。振动探测器通过感知物体振动频率变化识别入侵行为，适用于对门窗、墙体等固定结构的防护，尤其适用于玻璃破碎、墙体凿击等物理入侵方式的监测。超声波探测器利用超声波反射原理形成立体警戒区域，适用于封闭空间的立体防护，但其探测范围易受空间障碍物影响。

2. 探测器安装

探测器安装需满足探测灵敏度与环境适应性的双重要求。安装位置应避开可能引发误报的干扰源：被动红外探测器需远离空调出风口、暖气设备等温度变化剧烈的区域，振动探测器则应避免安装在易产生机械振动的管道、设备附近。安装高度需根据探测器类型与探测范围确定，主动红外探测器的发射与接收端应保持在同一水平高度，且光束需与地面保持适当夹角以覆盖目标入侵路径；被动红外探测器的安装高度通常为2.0~2.5m，以确保其探测视场能够覆盖人体活动的主要区域。周界防护探测器的安装间距需根据探测距离与重叠覆盖要求确定，通常相邻探测器的警戒范围应重叠10%~20%，以消除防护盲区。探测器的安装角度需进行精确调整，确保其探测范围与防护目标区域完全重合，避免因角度偏差导致的漏报风险。

（三）出入口控制系统：门禁与停车场管理

1. 门禁管理

门禁管理模块通过身份识别技术与权限管理策略实现对人员进出的精细化控制。身份识别方式需根据应用场景的安全等级选择，密码识别适用于低安全等级区域，如办公区公共通道；IC卡识别凭借其便捷性与成本优势广泛应用于普通办公区域；生物识别技术则适用于高安全等级区域，其唯一性与不可复制性显著提升身份验证的可靠性。权限管理需基于角色分配原则，通过设置不同用户组的进出权限与时间权限实现对人员活动范围的动态管控，普通员工仅可在工作时间进入办公区域，管理人员则可获得24h全区域访问权限。门禁控制器作为核心设备，须具备脱机工作能力与数据存储功能，确保在网络中断时仍能维持基本门禁控制功能，并在网络恢复后自动上传出入记录。

2. 停车场管理

停车场管理模块通过自动化设备与智能算法实现对车辆进出、停放的高效管理。车辆识别技术是该模块的核心，车牌识别系统通过摄像头采集车辆图像并进行字符识别，实现无人值守的车辆身份验证；固定车辆可采用RFID远距离识别技术，在车辆接近入口时自动抬杆放行，提升通行效率。车位引导系统通过部署在车位上方的超声波探测器或视频探测器实时采集车位占用状态，并通过引导屏向驾驶员展示空余车位位置，减少寻位时间；反向寻车系统通过车牌识别或用户输入车牌信息，为驾驶员提供路径导航至目标车位。收费管理功能需支持多种支付方式，包括扫码支付、无感支付及传统现金支付，还需具备费率设置灵活性，可根据停车时长、车型等因素动态调整收费标准。停车场管理系统需与消防系统联动，当发生火灾时自动打开道闸，引导车辆快速疏散。

（四）电子巡更子系统：巡更点设置与路径规划

1. 巡更点设置

巡更点设置需覆盖建筑内的关键安防区域与薄弱环节，兼顾巡更人员的工作负荷与巡逻效率。首先，关键安防区域必须设置巡更点，包括出入口、消防通道、设备机房、电梯机房、财务室等，这些区域的安全状态直接影响建筑整体安防水平。其次，薄弱环节包括偏僻角落、地下车库、楼梯间等易发生安全隐患的区域，需增加巡更点密度以强化监测频率。巡更点的物理安装需满足便捷性与安全性要求，安装位置应便于巡更人员操作，高度宜为1.5~1.8m，并具备一定的防护措施，避免被恶意破坏或移动。

2. 路径规划

巡更路径规划需遵循“全面覆盖、高效有序”的原则，结合建筑空间布局与巡更点分布进行优化设计。路径类型可分为固定路径与动态路径，固定路径适用于安防需求稳定的场景，通过预设固定巡更顺序与每 2h 一次等时间间隔，确保巡逻工作的规律性；动态路径则基于实时安防数据动态调整巡更路线，在某区域发生异常报警时，系统自动将该区域加入优先巡更路径。路径长度需合理控制，避免巡更人员工作强度过大，通常单次巡更路径长度不宜超过 3km，巡更时间控制在 1~2h 内。路径规划还需考虑巡更点之间的距离均衡，避免出现部分区域巡更频率过高而其他区域频率不足的情况，可通过数学模型优化巡更顺序，减少无效行走距离，提升巡逻效率。巡更路径需与视频监控子系统联动，当巡更人员到达某巡更点时，系统自动调取该区域的实时监控画面，辅助巡更人员进行安全检查。

第七章　建筑的本体智能化应用实践

第一节　智能建筑的办公室的净高

一、办公室净高的基本概念与设计意义

（一）办公室净高的定义与测量标准

办公室净高是指办公空间内地面完成面至吊顶下表面或结构梁板下表面之间的垂直距离，直接反映办公人员实际可感知和使用的垂直空间高度。建筑层高通常指上下两层楼面结构层顶面之间的垂直距离，包含楼板厚度、吊顶高度等结构和装饰层面的空间；净高则剔除这些非使用性空间，更贴近办公空间的实际使用体验。明确净高的定义是进行办公空间设计的基础，其区别于其他空间高度指标，聚焦使用者的实际空间感受和功能需求。

在测量标准方面，办公室净高的测量需要遵循统一的规范以确保数据的准确性和可比性。测量时通常选择房间内具有代表性的位置，包括房间中央区域、距墙面一定距离的位置以及设备安装密集区域，避免因局部结构凸出或装饰造型导致的测量偏差。常用的测量工具包括激光测距仪、水准仪等，这些工具能够提供较高的测量精度。测量过程中还需要考虑地面和顶面的平整度，对于存在坡度或不平整的地面、顶面，应取多个测量点的平均值作为该区域的净高值。测量结果需符合相关建筑设计标准中关于办公空间净高的基本要求，确保后续设计能够满足功能和舒适度的双重需求。

（二）净高设计对办公空间舒适度的影响

净高设计是影响办公空间舒适度的关键因素之一，直接关系到办公人员的生

理和心理感受。从生理感受来看，适宜的净高能够避免办公人员产生压抑感。当净高过低时，人体站立或活动时会感受到头部上方空间的压迫，长期处于这样的环境中容易导致疲劳、注意力不集中等问题；而净高过高虽然能减少压抑感，但可能会使空间显得空旷，增加声音传播的距离，导致回声等声学问题，同样影响办公舒适度。净高设计需要在避免压抑和防止空旷之间找到平衡，以适应人体工程学的基本要求。

从视觉感受角度，净高设计会影响办公空间的开阔感和明亮度。较高的净高能够增强空间的纵向延伸感，使办公区域看起来更加开阔、通透，有助于提升办公人员的空间体验。净高与采光效果密切相关，较高的净高能够为窗户留出更大采光面积，让自然光更深入室内，减少人工照明依赖，营造明亮舒适的光环境。净高还会影响室内色彩和材质的视觉效果，适宜的净高能更好地展现墙面、地面和顶面的装饰设计，增强空间整体协调性。

净高设计还会影响办公空间的功能布局与设备使用，因为空调出风口、灯具、消防设施及智能化设备等的安装通常需要一定吊顶空间。若净高设计不合理，吊顶空间不足将导致设备安装困难或影响设备性能——如空调送风不均匀、照明效果不佳便可能由此产生；吊顶空间过大则会降低实际使用净高，影响空间舒适度。净高设计需综合考虑设备安装需求，在保证足够使用净高的同时为设备布置预留合理空间，以确保办公空间功能完善、使用便捷。

（三）智能化背景下净高设计的新要求

智能化技术在办公建筑中的广泛应用，对办公室净高设计提出了新的要求，需在传统设计基础上考虑智能化设备的安装、运行和维护需求。智能化办公空间通常包含大量感知设备，温湿度传感器、光照传感器、人体存在传感器等大多需安装于吊顶或墙面上方，对安装空间有特定要求，这就需要净高设计预留足够位置与空间，确保传感器准确感知环境参数，并不影响空间的整体美观和使用功能。

智能布线系统是智能化办公空间的重要组成部分，包括数据线路、电力线路、控制线路等，这些线路通常需要通过桥架、线管等方式在吊顶内敷设。与传统布线相比，智能布线系统的线路数量更多、种类更复杂，对敷设空间的要求更高。净高设计需要考虑布线系统的敷设需求，合理规划吊顶内的空间布局，为桥架、线管等预留足够的敷设空间，避免线路交叉混乱影响系统运行和后期维护。净高设计还需要考虑线路的散热和防护需求，确保布线系统在长期使用过程中的安全性和稳定性。

智能化背景下的办公空间还可能涉及动态调节功能，智能吊顶系统、可升降隔断等系统需要一定的垂直空间来实现其动态调节功能。智能吊顶系统可根据室内人数、光照强度等因素自动调节吊顶高度，以优化空间舒适度和能源消耗，这就要求净高设计预留足够的调节空间，确保系统能够正常运行。此外，动态调节系统的驱动设备和控制系统也需要安装空间，净高设计需要综合考虑这些设备的安装位置和空间需求，避免因空间不足影响系统功能的实现。

智能化办公空间的节能运行也对净高设计提出了新的要求。智能建筑管理系统通过对室内环境参数的实时监测和分析，优化空调、照明设备的运行策略，从而实现节能目标。净高设计会影响室内气流组织和温度分布，进而影响空调系统的运行效率。合理的净高设计能够促进室内空气的自然对流，减少空调负荷；而不当的净高设计可能导致室内气流不畅，增加空调系统的能耗。在智能化背景下，净高设计需与智能建筑管理系统相结合，通过优化净高尺寸和空间布局，提升办公空间的节能性能，实现智能化与舒适度、节能性的协同优化。

二、智能建筑中影响办公室净高的关键因素

（一）建筑结构形式对净高的限制

建筑结构形式是决定办公室净高的基础性因素，不同结构体系通过构件尺寸和空间占用方式直接影响可利用净高。框架结构作为智能建筑中常见的结构形式之一，其主要由框架柱和框架梁承重。在框架结构中，主梁的高度是影响办公室净高的关键因素，主梁高度通常根据跨度来确定，当办公室跨度较大时，主梁高度相应增加，会直接压缩梁下可利用空间，导致净高降低。此外，次梁的布置方式和高度也会对局部净高产生影响，密集的次梁体系可能在办公区域形成多个高

度限制点。

剪力墙结构在高层智能建筑中应用广泛，其墙体不仅承担竖向荷载，还承担水平荷载，墙体厚度较大，通常在200～300mm。剪力墙结构中的暗梁和连梁虽然不凸出于墙面，但会在墙体顶部形成高度方向的构造层，限制管线和吊顶的布置空间。尤其是核心筒区域，集中了电梯井、楼梯间和设备管井，墙体密集且厚度大，周边办公室的净高往往受到核心筒结构的挤压，形成局部低净高区域。

钢结构凭借自重轻、跨度大的优势在大空间智能建筑中应用较多，但其构件对净高的影响主要体现在节点处理和截面形式上。钢框架梁多采用H型钢或箱型截面，尽管截面高度小于混凝土梁，梁柱节点处的连接板、螺栓等连接件仍会凸出于梁体表面，增加管线穿行难度。钢结构表面需涂刷防火涂料和防腐涂层以满足防火和防腐要求，涂层厚度通常在20～50mm，这部分厚度同样会占用一定的净高空间。

（二）智能化设备管线敷设对净高的影响

智能建筑中的设备管线系统复杂多样，包括空调通风管线、电气管线、智能化专用管线等，这些管线的敷设方式和空间需求直接影响办公室净高。空调通风系统是管线中空间占用最大的部分，其中送风管和回风管的尺寸由空调风量和风速决定。以办公区域常用的低速风管系统为例，送风管风速一般控制在6～8m/s，当风量较大时，风管截面积增大，矩形风管的高度和宽度随之增加，例如一个面积500m^2的办公区，送风管尺寸可能达到800mm×400mm，回风管尺寸约700mm×350mm，平行敷设时总高度需求超过750mm，显著压缩了梁下可利用净高。

电气管线及桥架系统包括强电桥架和弱电桥架，强电桥架用于敷设动力电缆和照明电缆，弱电桥架则用于敷设网络、电话、监控、消防报警等智能化系统线路。强电桥架因载流量要求，尺寸通常较大，200mm×100mm的强电桥架可容纳约20根4mm^2电缆；弱电桥架虽尺寸较小（150mm×100mm），但需考虑不同系统线路的屏蔽要求。强电桥架与弱电桥架之间需保持不小于300mm的间距，平行敷设时会增加总占用高度。

智能化系统专用管线的布置也会对净高产生影响，这类管线包括楼宇自控系统（BA）的传感器管线、安防系统的视频传输管线、无线通信系统的馈线。虽然单根管线管径较小（BA 系统的穿线管直径多为 20~25mm），但管线数量多且敷设路径复杂，需要沿吊顶龙骨或墙面敷设。在空调机房附近、弱电间周边等设备集中区域，多种智能化管线汇集，容易形成局部管线密集区，导致吊顶需下沉一定高度以容纳这些管线，降低该区域的办公室净高。

（三）吊顶系统集成智能模块的空间需求

智能建筑的吊顶系统不再仅具有装饰功能，还集成了大量智能模块，这些模块的安装和运行需要一定的空间，直接影响办公室净高。环境感知与控制模块是吊顶集成的核心模块之一，包括温湿度传感器、CO_2 传感器、$PM_{2.5}$传感器等，这些传感器为保证检测精度，通常需要凸出吊顶表面 50~100mm，部分传感器还需配备采样风管，采样风管长度一般为 150~300mm，安装时需在吊顶内部预留足够的空间。CO_2 传感器的采样点需位于人员活动区域上方 1.5~1.8m 处，若吊顶高度为 3m，则传感器在吊顶内的安装深度需控制在 700~1000mm，以确保采样点位置符合要求。

多媒体与通信模块的布置同样占用吊顶空间，涉及智能照明灯具、无线 AP（接入点）音响设备、视频会议摄像头等设备。智能照明灯具多采用 LED 筒灯或射灯，嵌入吊顶安装，嵌入深度根据灯具功率和散热要求确定，一般为 150~200mm；采用智能调光系统时，灯具驱动器需安装在吊顶内部，驱动器尺寸约 100mm×80mm×50mm，需预留安装位置。无线 AP 为保证信号覆盖范围，通常安装在吊顶下方或嵌入吊顶，其天线需要一定的空间角度，安装高度过低会影响信号覆盖，过高则增加吊顶内部空间需求，一般需在吊顶内预留 100~150mm 的安装空间。

吊顶自身构造的高度占用不可忽视，吊顶系统由龙骨和饰面板组成，主龙骨通常采用 C 型钢或 U 型钢，高度一般为 30~50mm，副龙骨间距为 600mm×600mm 或 1200mm×600mm，高度 20~30mm。饰面板根据材质不同厚度有所差异，石膏板厚度一般为 12~15mm，铝扣板厚度一般为 0.8~1.2mm，矿棉板厚度一般为15~20mm。吊顶与结构楼板之间还需预留检修空间，以便对管线和智能模块进行维护，检修空间高度通常为300~500mm，具体根据管线和模块的布置密度确定，这部分空间直接从结构净高中扣除，最终影响办公室的实际使用净高。

三、基于智能化需求的办公室净高设计标准

（一）不同办公场景的净高基准值设定

不同办公场景因功能定位、人员密度及智能化设备配置的差异，其净高基准值需进行差异化设定，以满足人体工程学需求与智能化系统运行要求。传统独立办公场景以个体工作为主，智能化设备主要包括基础办公终端与网络接口，人员活动空间相对固定，净高基准值通常设定为2.8~3.0m，该范围既能保证人员站立时的头部空间舒适度，又可容纳常规照明系统与空调风口的安装。开放式协作办公场景强调团队互动与信息共享，人员流动频率高，且需配置视频会议终端、环境传感器等智能化协作设备，空间开阔感对协作效率影响显著，净高基准值需适当提高，一般设定为3.0~3.2m，此高度可减少空间压抑感，为分布式传感器的布局提供充足的垂直安装空间。智能化密集型办公场景包括数据处理中心、研发实验室，集成了大量服务器机柜、精密检测设备及物联网网关，设备散热与管线敷设对空间高度要求更高，净高基准值需进一步提升至3.2~3.5m，其中吊顶上方需预留至少0.6m的设备安装层，以满足桥架、风管及智能化控制模块的集成布置需求。

（二）智能化系统安装空间与净高的协调标准

智能化系统的安装涉及硬件设备、管线网络与末端终端等多类组件，其空间需求需与办公室净高进行系统性协调，形成明确的垂直维度分配标准。设备安装空间的垂直维度分配需遵循“分层集成”原则，自结构楼板向下依次划分为结构层、设备层与使用层，其中设备层高度需根据智能化系统的复杂度确定，常规办

公场景中包含网络桥架、弱电管线与环境控制传感器的设备层厚度宜控制在0.4~0.6m，而智能化密集型场景因需容纳服务器散热风道与智能巡检机器人轨道，设备层厚度需增加至0.6~0.8m，使用层净高则需在此基础上确保不低于2.5m。管线综合与净高的协同设计需通过空间冲突预演实现，采用BIM技术对强电管线、弱电桥架、空调风管及智能化数据线缆进行三维路径规划，优先选择平行敷设方式减少交叉叠加，当管线交叉不可避免时，通过调整敷设角度与分层间距控制总占用高度，确保管线综合后的设备层厚度不超出预设范围。智能化终端设备安装对局部净高的影响需制定专项限制标准，吊顶嵌入式温湿度传感器的凸出高度不应超过0.05m，墙面安装的智能控制面板下沿距地面高度宜为1.3~1.5m，避免因设备凸出或安装位置不当而压缩实际使用净高。

（三）净高设计的动态调整与弹性空间标准

智能化办公环境的需求随技术迭代与组织架构变化而动态演变，净高设计须具备可调整性并预留弹性空间，以适应长期使用过程中的功能升级。基于使用周期的净高动态调整机制需结合智能化系统的更新周期设定，通常办公场景的智能化设备每5~8年进行一次系统性升级，初始设计时需预留0.2~0.3m的垂直调整余量，该余量可通过采用可拆卸式吊顶龙骨或升降式吊顶系统实现，使后期设备更换或新增时无须大规模改造结构层。弹性空间的量化设计需明确最小弹性比例与实现方式，弹性空间占总净高的比例宜控制在5%~8%，具体可通过两种方式构建：一是在核心办公区域设置局部可调节吊顶段，调节范围为±0.15m，满足不同区域的差异化设备安装需求；二是在走廊、茶水间等辅助空间采用裸顶设计，将设备管线明装并预留扩展支架，通过空间复用提升弹性调整能力。动态调整中的结构安全与净高平衡需建立双重约束标准，调整过程中吊顶悬挂系统的荷载不得超过结构楼板的设计承载力，单个悬挂点荷载限值应≤0.5kN，调整后的最小使用净高不应低于2.4m，以保障人员通行与基本活动需求。

第二节 智能建筑的特殊功能需求及其设计要求

一、智能建筑特殊功能需求的分类与特征

（一）基于使用功能的特殊需求类型

智能建筑的特殊功能需求体现在不同使用场景下的功能分化，这种分化缘于建筑本体的使用功能定位差异。办公类智能建筑作为高频使用场景，其特殊功能需求集中在高效协作与灵活适配方面，具体表现为支持多终端无缝接入的会议系统功能、基于人员活动轨迹的空间动态分配功能以及与办公流程深度耦合的业务数据交互功能。医疗类智能建筑因服务对象的特殊性，形成以生命支持为核心的特殊功能需求，包括医疗设备与建筑系统的实时数据互通功能、洁净度分级控制与环境参数精准调节功能以及应急状态下的快速响应与资源调度功能。商业类智能建筑的特殊功能需求围绕消费体验与运营效率展开，涵盖基于用户行为分析的个性化服务推送功能、商业空间人流密度监测与动态引导功能以及与商业运营系统联动的能源与环境协同控制功能。交通枢纽类智能建筑强调交通流线的高效组织，其特殊功能需求包括多模式交通信息实时整合与发布功能、大客流状态下的安全预警与疏散引导功能以及交通设施与建筑空间的一体化调度功能。

（二）基于智能化水平的特殊需求层次

智能建筑的特殊功能需求呈现出与智能化水平相匹配的层级化特征，这种层级从基础控制向自主决策逐步递进。基础自动化层的特殊功能需求聚焦于设备与环境的稳定运行，核心是实现建筑各子系统的独立控制与状态监测，具体包括设备运行参数的实时采集与异常报警功能、环境指标的自动调节与偏差修正功能、系统运行状态的可视化展示功能。数据分析层的特殊功能需求建立在数据整合基础上，重点在于通过数据处理挖掘潜在价值，表现为多源数据的标准化接入与融

合分析功能、关键指标的趋势预测与异常模式识别功能、基于数据的系统运行效率评估功能。决策优化层的特殊功能需求强调主动干预与资源优化，核心是实现基于分析结果的智能决策支持，包括建筑能源消耗的动态优化调度功能、空间资源的智能分配与使用效率提升功能、多目标约束下的系统运行方案自动生成功能。自主进化层的特殊功能需求代表智能化的高级阶段，突出系统的自我迭代能力，具体包括用户需求的自主学习与功能适配功能、系统故障的自我诊断与修复功能、随技术发展的功能模块扩展与升级兼容功能。

二、不同功能类型建筑的特殊智能化需求分析

（一）医疗类智能建筑的特殊功能需求

医疗类智能建筑的特殊功能需求源于医疗活动的专业性和复杂性，其核心在于通过智能化手段保障患者安全、提升诊疗效率并支持医疗流程的无缝衔接。这类建筑的智能化需求首先体现在医疗环境的精准控制方面，患者的治疗和康复过程高度依赖稳定的物理环境，温度、湿度、洁净度等参数的微小波动都可能影响手术效果、药品储存质量与患者的恢复速度。智能化系统需要实时监测并调节这些参数，依靠传感器网络收集各区域的环境数据，结合医疗流程的动态变化，自动调整空调、通风、净化系统的运行状态，确保手术室、ICU、药房等关键区域始终处于符合医疗标准的环境条件。

医疗数据的集成与交互是另一项关键需求。医疗活动产生大量异构数据，涵盖患者病历、检查结果、设备运行数据、药品库存信息等，这些数据分散在HIS（医院信息系统）、LIS（实验室信息系统）、PACS（影像归档和通信系统）等不同系统中。智能建筑需构建统一的数据交互平台，实现各系统间的数据无缝对接与信息孤岛消除。医护人员可通过该平台快速获取患者全面信息以辅助诊断决策，管理人员则能实时掌握设备运行状态和资源使用情况，优化资源配置并提升整体运营效率。

应急响应与安全保障需求同样突出，医疗建筑面临突发火灾、患者突发病情变化、医疗设备故障等多种应急场景。智能化系统需要具备快速响应和协同处理

能力，通过智能安防系统、火灾自动报警系统与医疗业务系统的联动，实现应急事件的早期预警和高效处置。当火灾报警系统触发时，系统能自动切断相关区域的电源和氧气供应，引导医护人员和患者疏散，将火灾位置和疏散路线实时推送至应急指挥中心，确保在最短时间内控制事态，保障人员生命安全。

（二）科研实验类智能建筑的特殊功能需求

科研实验类智能建筑的特殊功能需求聚焦于支持精密实验开展、保障实验数据质量以及确保实验过程安全可控，其智能化设计需紧密贴合科研活动的严谨性和特殊性。材料科学、生物工程、精密测量等领域对实验环境的稳定与可追溯有首要需求，环境因素直接影响实验结果的准确性和重复性。智能建筑需要部署高精度传感器网络，对实验区域的环境参数进行连续监测，采样频率需满足实验要求，通常达到秒级甚至毫秒级，监测数据需实时存储并形成完整的历史记录，支持数据回溯和分析，为实验结果异常时排查环境因素影响提供依据，确保实验数据的科学性和可靠性。

精密仪器的智能管理是另一项核心需求，科研实验类建筑配备大量高价值、高精度的实验仪器，这些仪器的正常运行和精准控制是实验顺利开展的基础。智能化系统需要实现对仪器的全生命周期管理，包括设备台账管理、运行状态监测、维护保养预警、使用权限控制等功能。通过传感器实时采集仪器的温度、压力、电流、运行时间等运行参数，结合预设的阈值，当仪器出现异常时自动发出预警信号，提醒管理人员及时进行维护，避免因设备故障导致实验中断或数据损失；对不同人员的仪器使用权限进行分级控制，记录仪器的使用情况，便于资源调配和成本核算则由智能权限管理系统实现。

实验数据的安全与合规需求同样关键，科研实验数据是科研活动的核心成果，具有极高的学术价值和保密性要求。智能建筑需要构建多层次的数据安全保障体系，涵盖物理安全、网络安全、数据加密、访问控制等方面。物理安全通过智能安防系统限制非授权人员进入实验数据中心和关键实验室；网络安全采用防火墙、入侵检测系统等技术防止外部攻击和数据泄露；数据加密技术对传输和存储的实验数据进行加密处理，确保数据在全生命周期内的机密性；访问控制根据用户角色和权限，严格控制对实验数据的访问、修改和复制操作，记录所有数据操作日志，满足科研数据管理规范和知识产权保护的要求。

（三）商业综合体智能建筑的特殊功能需求

商业综合体智能建筑的特殊功能需求围绕提升客户体验、优化运营效率和保障公共安全展开，其智能化设计需适应多种业态融合和高频人流交互的特点。人流与空间资源的动态调配是核心需求之一，商业综合体通常包含购物中心、写字楼、酒店、餐饮等多种功能业态，不同时间段和节假日的人流分布差异显著，对空间资源的需求也随之变化。智能建筑需要通过视频监控、Wi-Fi 定位、手机信令等技术手段，实时采集人流数据，分析人流密度、移动路径和停留时间等特征，基于这些数据，系统可以动态调整空间资源配置，在人流高峰时段增加电梯、扶梯的运行数量和速度，优化停车场的引导和调度，合理分配商业店铺的展示空间和促销区域，避免因人流拥堵而影响客户体验，提高空间资源的利用效率。

能耗与运营成本的优化是另一项重要需求，商业综合体建筑面积大、设备种类多、能耗总量高，空调、照明、电梯等系统是主要的能耗来源。智能化系统需要对各类设备的能耗进行实时监测和智能调控，通过建立能耗模型，分析不同业态、不同时间段的能耗规律，制订个性化的节能策略。根据室内外温度、光照强度和人流密度，自动调节空调的温度设定和新风量以及照明系统的亮度和开关状态；对电梯系统采用群控算法，根据人流需求动态调整运行策略，减少空驶率，通过对设备运行数据的分析，预测设备的能耗趋势和故障风险，提前进行维护保养，降低运营成本和能源浪费。

客户体验的个性化服务需求同样不可或缺，商业综合体的核心竞争力在于提升客户体验，智能化系统需要通过收集和分析客户行为数据，为客户提供个性化的服务。通过会员系统记录客户的消费偏好、购物历史和停留区域，当客户进入综合体时，系统可以推送个性化的优惠信息和商品推荐；基于室内定位技术，为客户提供精准的导航服务，指引客户快速找到目标店铺或设施；通过智能客服系统，实时响应客户的咨询和投诉，解决客户在购物过程中遇到的问题。智能化系统还可以结合社交媒体、移动支付等平台，打造线上线下融合的服务模式，提升客户的参与度和满意度，增强商业综合体的吸引力和竞争力。

三、特殊功能需求下的空间布局设计要求

（一）功能分区的灵活性与可变性设计

1. 模块化单元的划分原则

模块化单元的划分需以功能需求为基础，将整体空间分解为若干独立且具有特定功能的基础模块。每个模块应具备相对完整的使用功能和独立的技术支持系统，模块之间通过标准化的连接接口实现物理和逻辑上的衔接。科研类智能建筑中，实验区可划分为基础实验模块、精密仪器模块、样品处理模块等，每个模块的尺寸、荷载及环境控制参数根据其功能特性确定，模块边界设置可快速拆卸的隔断或轻质墙体，以便根据实验项目的变化调整模块组合方式。这种划分方式既保证了单一模块功能的完整性，又为整体空间的重组提供了可能。

2. 空间尺度的动态适配机制

空间尺度的动态适配是实现功能分区灵活性的重要手段，需通过可调节的物理构造和智能控制技术实现空间大小、形态及环境参数的动态变化。在空间构造方面，可采用可移动隔断、升降地板、折叠墙面等可变构件，这些构件的操作可通过智能控制系统实现自动化调节，也可通过手动操作满足快速调整需求。会议类智能建筑中，大型会议厅可通过移动隔断分割为多个小型会议室，隔断的位置和数量可根据参会人数实时调整；空间的层高可通过升降吊顶或活动楼板调节，以适应不同会议形式对空间高度的需求。在环境参数适配方面，每个模块应配备独立的空调、照明及通风系统，通过智能传感器实时监测空间使用状态，自动调节温度、湿度、光照等参数，确保不同功能场景下的环境舒适性。

3. 设备接口与管线系统的预留设计

设备接口与管线系统的预留设计是保障功能分区可变性的技术基础，需在空间布局设计阶段充分考虑未来设备增减、功能升级对接口和管线的需求。在接口

预留方面，应根据不同功能模块的特性，在地面、墙面及吊顶等位置预留足够数量的电源接口、网络接口、数据接口及专用设备接口，接口类型需符合当前及未来一段时间内的技术标准，且具备良好的兼容性和扩展性。针对医疗类智能建筑的病房模块，除常规电源和网络接口外，还需预留医疗设备专用电源接口、呼叫系统接口及医用气体接口，接口数量应根据病床数量和设备配置标准留有10%～20%的冗余。在管线系统设计方面，应采用集中式与分布式相结合的布局方式，主干管线沿建筑核心筒或专用管井集中布置，分支管线通过地面线槽、吊顶内桥架或墙面预埋管引至各功能模块，管线系统应具备可拆卸、可更换的特性，以便在功能调整时对管线进行改造或扩展，减少对建筑结构和装修的破坏。

（二）特殊区域的智能化隔离与联动设计

特殊区域是智能建筑中承担特定关键功能的空间，包括数据中心、洁净实验室、保密会议室等，这类区域既需要具备严格的隔离性能以保障安全性和稳定性，又需与建筑其他区域保持必要的联动以实现整体功能协同。特殊区域的空间布局设计需兼顾隔离的可靠性和联动的高效性，构建物理隔离与智能感知相结合、局部自治与全局协同相统一的设计体系。

1. 物理隔离与智能感知相结合的设计策略

物理隔离是特殊区域保障安全性的基础，需根据区域的功能特性选择合适的隔离方式和隔离材料。对数据中心、保密区域等安全性要求极高的空间，应采用实体墙、防火门、防爆玻璃等刚性隔离材料，形成独立的封闭空间，隔离墙体的耐火极限、抗爆压力等性能参数需符合相关国家标准；对洁净实验室、无菌病房等环境洁净度要求高的区域，可采用气闸室、缓冲间等过渡空间实现隔离，通过压差控制、空气净化等技术手段防止外部污染物进入。在物理隔离的基础上，需嵌入智能感知设备实现对隔离状态的实时监测，在隔离门处设置门禁系统、红外传感器和视频监控设备，实时监测人员进出情况和门体开关状态；在隔离墙体和过渡空间设置温湿度传感器、压差传感器和空气质量传感器，实时监测隔离区域内外的环境参数差异，监测到隔离状态异常或环境参数超出阈值时，智能系统可自动发出报警信号，并启动相应的应急处理措施。

2. 跨区域数据交互的联动机制

特殊区域与建筑其他区域的联动主要依赖跨区域的数据交互，需构建安全、高效的数据传输网络和协同控制机制。在数据传输网络设计方面，应采用专用通信线路和加密传输协议，确保数据在传输过程中的安全性和完整性。数据中心与建筑管理系统之间的数据交互可通过独立的光纤网络实现，采用 VPN（虚拟专用网络）技术进行加密，防止数据泄露或被篡改；保密会议室与外部通信系统的连接需设置专用的加密网关，对进出数据进行严格的权限审核和内容过滤。在协同控制机制方面，需建立基于数据共享的联动控制模型，明确特殊区域与其他区域在不同场景下的联动逻辑。当数据中心因设备故障导致温度升高时，智能系统可自动联动建筑的空调系统，提高数据中心区域的制冷量，并通知消防系统加强该区域的火灾监测；当洁净实验室的洁净度等级下降时，系统可联动空气净化系统提高过滤效率，并通知相邻区域暂停可能产生粉尘的操作，避免交叉污染。

3. 应急状态下的隔离与联动切换逻辑

应急状态下的隔离与联动切换是保障特殊区域安全性和建筑整体稳定性的关键，需预设多种应急场景，并制订相应的切换逻辑和响应流程。常见的应急场景包括火灾、设备故障、环境污染、安全威胁等，针对每种场景需明确特殊区域的隔离等级调整方式和与其他区域的联动措施。火灾应急场景下，特殊区域应立即启动最高等级的物理隔离，关闭所有进出通道，切断非必要电源，联动消防系统启动灭火装置，并将区域内的重要数据通过备用通信线路传输至备份中心；设备故障应急场景下，若特殊区域的空调系统发生故障，系统应自动打开备用空调设备，并联动相邻区域的空调系统调整送风方向，临时为特殊区域补充冷量，通知维护人员进行抢修。应急切换逻辑的实现需依赖智能控制系统的快速响应能力，系统应具备实时数据处理、多场景识别和自动决策功能，确保在应急事件发生时能够在最短时间内完成隔离与联动的切换，最大限度减少损失。

（三）人流物流智能引导的空间布局适配

1. 路径规划的空间拓扑结构设计

路径规划的空间拓扑结构是人流物流引导的基础框架，需根据建筑的功能布局和流量特征设计层级清晰、连接顺畅的拓扑网络。拓扑结构的设计应遵循“分级引导、就近分流”的原则，将整体交通流线划分为主干路径、次干路径和局部路径三个层级。主干路径承担主要的人流物流输送功能，应具备较大的通行宽度和良好的通达性，通常设置在建筑的核心区域或连接主要功能分区的通道；次干路径作为主干路径的补充，连接各功能模块内部的主要节点，宽度和通行能力略低于主干路径；局部路径则服务于具体的房间或设备，路径长度较短，布局灵活。在拓扑结构的连接方式上，可采用网格状、放射状或树状等形式，网格状结构适用于功能分区较为规整的建筑，便于实现多路径选择；放射状结构适用于以核心功能区为中心的建筑，可提高核心区与其他区域的连接效率；树状结构适用于功能分区层级分明的建筑，便于实现分级引导。路径规划需避免人流与物流的交叉，可通过设置独立的物流通道、分层交通或分时通行等方式实现分离，减少相互干扰。

2. 引导标识系统的空间嵌入方式

引导标识系统的空间嵌入需与建筑的空间形态和装修风格相协调，避免对空间整体性的破坏，确保标识信息的清晰可见和易于识别。在嵌入位置选择上，应优先利用建筑的结构构件、界面转折或空间节点等自然标识点，走廊交叉口的墙面、电梯厅的地面、楼梯平台的侧墙等位置均应设置标识，这些位置是人流和物流的必经之处，便于用户快速获取引导信息。在标识形态设计上，可采用嵌入式、悬挂式、地面投影式等多种形式，嵌入式标识可与墙面、地面或吊顶融为一体，将方向指示信息嵌入地面的地砖或墙面的装饰面板中，既不占用额外空间，又具有较好的耐久性；悬挂式标识适用于层高较高的空间，大型中庭或长走廊顶部悬挂导向牌可从较远的距离被识别；地面投影式标识则通过投影仪将动态引导信息投射到地面，适用于临时路径调整或应急引导场景，具有较高的灵活性。在标识信息呈现上，应采用标准化的图形符号和简洁的文字说明，结合智能显示技术实现信息的动态更新，采用 LCD 屏或 LED 灯带显示实时路径状态、拥堵情况或目的地信息，确保用户能够根据最新情况调整行进路线。

3. 动态流量监测与布局调整的反馈机制

动态流量监测与布局调整的反馈机制是实现人流物流智能引导的闭环控制手

段，通过实时监测空间内的人流物流密度和流动速度，将数据反馈给空间布局管理系统，进而对路径规划或空间使用进行动态调整。在流量监测设备布置方面，应在主要路径的出入口、交叉口、电梯厅等关键节点设置红外传感器、摄像头或Wi-Fi探针等设备，实时采集人流物流的流量数据；对于物流通道，还可在地面设置压力传感器或在运输设备上安装RFID标签，监测物流的运输路径和负载情况。监测数据通过网络传输至智能管理平台，平台采用大数据分析技术对数据进行处理，识别流量高峰时段、拥堵路段及异常流动情况，并生成流量分析报告。根据分析结果，管理系统可对空间布局进行动态调整，在人流高峰时段自动调整电梯运行策略，或临时开放备用通道分流人群；在物流运输频繁的区域调整货架或设备摆放位置，扩大物流通道宽度；当监测到某一路径长期处于低流量状态时，可考虑将该路径改造为其他功能空间，提高空间利用效率。这种反馈机制能够使空间布局始终与人流物流的实际需求保持匹配，实现智能建筑空间资源的优化配置。

第三节　智能建筑标准层与动态立面设计

一、智能建筑标准层的功能分区与空间组织

（一）标准层核心筒与办公区域的智能划分

1. 核心筒的智能功能集成

核心筒的智能功能集成以交通服务、设备管理与安全保障为三大关键构成，各模块相互协同。交通服务通过部署电梯智能调度系统实现优化，该系统结合楼层人流预测算法与实时轿厢负载检测，动态调整电梯停靠策略以缩短等待时长；楼梯间配备红外传感与应急照明联动装置，非紧急状态下实现节能，紧急时自动切换至应急疏散模式。设备管理模块在空调机房、配电间等关键设备间配置温湿度传感器与运行状态监测终端，数据实时上传至建筑设备管理系统，一旦监测到

参数异常便自动触发预警并启动调节机制。安全保障层面，核心筒内部署烟感探测器、应急广播系统与消防栓智能监测装置，构成全域覆盖的安全感知网络，以保障突发情况发生时能够迅速响应。

2. 办公区域的动态分区逻辑

办公区域的动态分区逻辑基于用户需求的多样性与流动性特征，通过智能化手段实现空间功能的灵活转换。采用模块化工位设计结合可移动隔断系统，配合状态传感器实时采集各区域人员数量与停留时长，数据经中央控制系统分析后自动生成工位调整建议，人员密集时段扩展协作区面积，低负载时段则合并独立办公单元以节省能耗。办公区域划分还需考虑不同工作模式的需求差异，通过设置智能会议室预约系统与开放式协作区的环境自适应调节，实现专注工作区与交流互动区的动态平衡，检测到协作区人员增加时自动调节灯光亮度与空调风速至适宜社交的参数范围。

3. 核心筒与办公区的智能边界协同

核心筒与办公区的智能边界协同是保障空间连续性与环境舒适度的关键环节，其核心在于通过技术手段消除物理边界的阻隔，实现功能与环境的无缝衔接。在空间过渡带设置智能玻璃隔断，通过电控调光膜调节透明度，办公区需要私密环境时自动切换为不透明状态，公共活动时保持通透以增强空间联动；边界区域部署环境传感器，实时监测温度、湿度与 $PM_{2.5}$ 浓度，数据同步至核心筒的空调系统，通过变风量末端装置动态调节送风参数，确保办公区与核心筒之间的环境梯度控制在人体舒适范围内。边界区域的智能导引系统通过地面投影或墙面电子屏，实时显示核心筒内电梯等待时间、卫生间使用状态等服务信息，引导用户高效利用核心筒资源，减少无效移动。

（二）标准层交通流线的智能化引导设计

1. 垂直交通流线的智能调度

垂直交通流线的智能调度以电梯系统为核心，通过多维度数据采集与算法优化实现高效运行。电梯轿厢内安装重量传感器与目的地楼层预约终端，结合楼宇入口处的人脸识别或IC卡刷卡数据，提前获取用户的出行需求，经群控算法计算后分配最优轿厢，减少中间停靠次数。系统可通过历史数据挖掘识别上下班时段集中上行或下行等高峰规律，提前调整电梯停靠策略，在早高峰时段将部分电梯设定为高区直达模式，提升运输效率。电梯系统与办公区域的人员定位系统联动，当检测到某楼层人员密度过高时，自动增加该楼层的电梯停靠频次，实现动态响应的垂直交通服务。

2. 水平交通流线的动态标识系统

水平交通流线的动态标识系统通过可视化信息传递引导用户高效移动，其核心在于标识内容的实时更新与多模态信息展示。走廊顶部设置LED条形屏或投影导引装置，根据实时人流数据调整路径指示，当某条走廊因清洁或临时活动拥堵时，自动切换导引箭头至备用路径，并显示预计通行时间。在关键节点如电梯厅、楼梯口设置触摸查询终端，用户可通过输入目的地获取个性化路径规划，终端显示周边设施分布信息，如卫生间、茶水间的实时使用状态。动态标识系统结合室内定位技术，通过手机APP或AR眼镜向用户推送AR导航路径，将虚拟箭头叠加于真实空间场景中，提升复杂环境下的导航精准度。

3. 应急交通流线的智能切换机制

应急交通流线的智能切换机制是保障建筑安全的重要环节，需在突发情况下快速重构人流路径并引导疏散。系统与火灾自动报警系统、安防系统实时联动，检测到火情、地震等紧急情况时立即启动应急模式：水平交通流线中，应急指示灯自动切换为频闪模式并调整指向安全出口，地面导引灯带同步亮起形成连续疏散路径；垂直交通流线中，电梯系统自动迫降至首层并切断电源，通过应急广播系统告知用户禁止使用电梯，引导至疏散楼梯。系统可根据火灾蔓延方向、烟雾扩散速度等实时数据动态调整疏散路径优先级，在某部楼梯被烟雾封锁时自动关闭该路径的标识指引，并增强其他备用楼梯的指示强度，确保疏散人流的安全与有序。

（三）共享空间与独立空间的动态转换设计

共享空间与独立空间的动态转换设计是应对现代办公模式多元化的重要手

段，核心在于通过可调节的物理界面与智能化的控制系统，实现同一空间在不同功能需求下的快速转换，满足团队协作的开放性需求，保障个人工作的私密性要求。动态转换设计需兼顾空间灵活性、环境适应性与操作便捷性，通过技术与设计的融合打破传统空间的固定属性，提升空间使用效率。

1. 空间转换的智能控制逻辑

空间转换的智能控制逻辑基于用户需求预测与实时状态感知，通过中央控制系统实现自动化的转换触发与执行。系统整合空间预约平台、人员定位数据与环境传感器信息，当用户通过预约系统预订共享空间时，系统提前15min启动转换程序：自动调整隔断位置、切换灯光模式、调节空调参数至会议场景；若检测到预订时间临近但无人使用，系统会自动取消转换并恢复原空间状态以节省能耗。对于临时转换需求，用户可通过移动端APP或墙面控制面板发起转换请求，系统根据当前空间使用状态与相邻区域影响评估，生成转换方案并执行，将相邻的两个独立办公单元合并为开放式协作区，同步更新空间标识与预约信息，避免冲突。

2. 物理界面的可变设计

物理界面的可变设计是实现空间动态转换的物质基础，需采用模块化、可调节的建筑构件满足不同空间形态的需求。隔断系统采用电动轨道式玻璃隔断或折叠式轻质隔墙，通过电机驱动实现快速开合，转换时间控制在5min以内，隔断闭合时具备良好的隔音性能，确保独立空间的私密性。地面与天花系统采用可升降式结构，共享空间的地面设置隐藏式升降台，升起后可作为会议桌使用，降下后恢复为平整地面以扩大活动面积；天花集成可调节角度的射灯与吸音板，通过机械装置调整灯具照射范围与吸音板密度，适应共享空间的声学与照明需求变化。物理界面的材料选择需考虑耐久性与可维护性，隔断玻璃采用Low-E镀膜钢化玻璃，兼具透光性与节能性，且便于清洁与更换。

3. 环境参数的联动调节

环境参数的联动调节是保障空间转换后舒适度的关键，需通过多系统协同实现温度、湿度、照明、声学等参数的自动适配。当空间从独立模式转换为共享模式时，空调系统自动切换为变风量运行模式，增加新风量至 30m³/（h·人），并根据共享空间的人员数量动态调整送风温度；照明系统从局部重点照明切换为全域均匀照明，照度提升至 500lx，色温调节至 4500K 以营造活跃的协作氛围。声学环境中，共享模式下启动天花隐藏式扩声系统与墙面可变吸声装置，通过增加吸声材料面积降低混响时间至 0.8s，确保语音清晰度；独立模式时则关闭扩声系统，减少吸声材料暴露面积以提升空间的私密性。环境参数的调节过程通过模糊控制算法实现平滑过渡，避免参数突变对用户造成不适，所有调节数据实时上传至建筑能源管理系统以优化能耗控制策略。

二、标准层智能化系统的集成与布局设计

（一）感知设备的分布式布局策略

感知设备的分布式布局是标准层智能化系统高效运行的基础，其核心目标是实现对建筑空间环境参数与人员活动状态的全面、实时感知，通过合理布局降低设备冗余与能耗。分布式布局需遵循空间分区覆盖原则，即根据标准层的功能分区特性，办公区、公共走廊、会议室、茶水间等不同区域的使用频率和感知需求差异，制订差异化的设备布置方案。办公区作为人员长时间停留区域，需重点部署温湿度传感器、光照传感器和人体存在传感器；公共走廊作为连接通道，可适当减少传感器密度，但需确保移动人员检测的连续性；会议室则需增加 CO_2 浓度传感器和多目标人体感应传感器，以满足会议场景下的环境调控与空间利用监测需求。

设备类型与安装位置的匹配是分布式布局的关键环节。不同感知设备因检测原理和功能特性，对安装位置有特定要求。温湿度传感器应避免直接暴露在阳光直射区域或空调出风口下方，通常安装在距离地面 1.5~1.8m 的墙面，且远离热源和通风口，以确保采集数据的准确性；光照传感器需安装在靠近窗户的墙面或天花板等室内采光代表性位置，避免被家具或装饰物遮挡；人体红外传感器则需根据检测范围（通常水平视角 90°~120°，垂直视角 60°~80°）确定安装高度，一般在距地面 2.0~2.5m 的天花板或墙面，确保覆盖人员活动的主要区域。电梯

厅等特殊区域需选用抗干扰能力强的微波雷达传感器，以应对金属环境对信号的反射影响。

多设备协同的数据采集机制是分布式布局有效性的保障。标准层内分布的大量感知设备需通过协同工作实现数据的时空一致性，避免数据冲突或重复采集。这一机制主要通过时间同步与数据融合技术实现，其中时间同步可采用网络时间协议（NTP）或精确时间协议（PTP），确保不同位置传感器的采样时间偏差控制在 100ms 以内；数据融合则通过边缘计算节点对同一区域内多类型传感器数据进行关联分析，将温湿度传感器与空调运行状态传感器数据融合，能更精准判断环境舒适度调节需求。为降低数据传输压力，分布式感知设备须具备本地数据预处理能力，仅将异常数据或关键特征参数上传至上层控制系统，提升整体系统的响应效率。

（二）网络通信系统的全覆盖布线设计

网络通信系统的全覆盖布线设计是标准层智能化设备数据传输的物理基础，其核心任务是构建高速、稳定、抗干扰的通信网络，确保感知设备、控制终端与上层管理系统之间的实时数据交互。布线系统的拓扑结构设计需结合标准层的平面布局与功能需求，通常采用“核心—汇聚—接入”三层架构：核心层交换机部署在标准层弱电间，作为数据交换的中心节点，配置万兆光口以满足高带宽需求；汇聚层交换机根据标准层面积和设备数量，在每个防火分区或功能分区设置 1~2 台，通过光纤与核心层连接；接入层则采用超五类或六类非屏蔽双绞线（UTP），将各类智能设备接入汇聚层交换机。这种拓扑结构不仅便于网络管理和故障排查，还能通过核心层与汇聚层之间采用双链路连接的冗余链路设计提高网络的可靠性，确保单点链路故障时数据传输不中断。

传输介质的选型需综合考虑传输速率、距离、抗干扰性及成本等因素。水平布线（接入层到终端设备的布线）主要采用六类或以上非屏蔽双绞线，其带宽支持 250MHz，可满足 10Gbps 以太网传输需求，且具备较好的性价比；核心层到汇聚层的垂直布线等传输距离超过 100m 的场景，需选用单模或多模光纤，其中单模光纤传输距离可达 10km 以上，适用于长距离、高带宽传输。布线过程中需注意传输介质的保护，水平双绞线应穿金属管或PVC管敷设，避免与动力电缆等强电线路并行敷设，若不可避免，两者间距应大于30cm，以减少电磁干扰。变配电室附近等电磁环境复杂的区域，可采用屏蔽双绞线（STP）或光缆，进一步提升抗干扰能力。

信号覆盖的冗余设计是确保网络通信无死角的关键措施。标准层内存在部分信号弱区域，需通过增设通信设备或优化布线路径实现信号增强。电梯井内可部署专用电梯随行电缆，内置光纤或双绞线，并在电梯轿厢顶部安装微型AP（无线接入点），确保电梯运行过程中无线信号的连续性；卫生间等小空间区域，可在邻近走廊设置高增益天线的AP，通过信号穿透墙体实现覆盖。在布线设计阶段，需利用网络仿真软件对标准层进行信号覆盖模拟，根据仿真结果调整AP位置和功率，确保99.9%以上的区域无线信号强度≥-75dBm[1]，数据传输速率≥50Mbps，满足智能设备的实时通信需求。

（三）智能控制终端的人性化布置方案

智能控制终端的人性化布置方案聚焦于提升用户操作便捷性与空间融合度，其设计需兼顾人体工程学原理、用户行为习惯及建筑空间美学。布置位置的人体工程学考量是人性化设计的基础，控制终端的安装高度应符合人体操作舒适性要求，通常设置在距离地面1.2~1.5m的墙面，这一高度范围与成年人站立或坐姿操作时的手臂自然下垂高度匹配，可减少弯腰或踮脚等不舒适动作。安装位置需避开家具、门、窗等遮挡物，可选择会议室门口右侧墙面（符合多数人右手操作习惯）办公桌侧面靠近过道一侧等人员易触及且不影响通行的位置。对于大型开放办公区，可采用分布式布置策略，每200~300m^{2}设置1个集中控制终端，在各工位设置小型桌面控制模块，满足个体与群体控制需求的平衡。

终端界面的交互设计优化是提升用户体验的核心。控制终端界面应采用简洁直观的布局，将用户最常用的灯光开关与亮度调节、空调温度与风速控制、窗帘

---

[1] $-75\text{dBm} \approx 3.162 \times 10^{-11}\text{W}$。

开合等功能置于首页，减少操作层级；界面图标采用标准化设计，用太阳图标代表光照调节、雪花图标代表空调制冷，便于用户快速识别。交互方式需支持触摸与语音双重控制，触摸屏幕选用 10 点电容屏，响应时间≤0. 1s，确保操作流畅性；语音控制模块需支持自然语言识别，可识别“打开会议室灯光”“将温度调至 24 度”等常用指令，并具备抗噪声能力，在 60dB 以下环境中识别准确率≥95%。界面还应支持个性化设置，用户可根据使用习惯自定义功能模块位置和快捷指令，提升操作效率。

多终端协同控制逻辑设计是避免控制冲突、实现系统一致性的重要保障。同一标准层内的多个控制终端需通过中控系统实现状态同步，即当一个终端对某一设备（会议室灯光）进行操作后，其他终端应实时更新该设备的状态显示，避免用户因信息不同步导致误操作。控制权限需进行分级管理，管理员终端具备标准层所有设备的控制权限，可进行全局参数设置（作息时间自动控制、节能模式切换）；普通用户终端仅具备所在区域的局部控制权限（调节个人工位灯光亮度），且操作范围受限于预设权限列表。对于存在优先级的场景（消防应急模式），系统可自动屏蔽普通控制指令，强制执行应急控制逻辑（开启应急照明、关闭非必要用电设备），确保建筑安全运行。

三、动态立面的技术原理与设计要素

（一）动态立面的驱动与调节技术类型

1. 驱动技术类型

驱动技术根据动力来源的不同可分为机械驱动技术和智能材料驱动技术。机械驱动技术依赖传统的机电设备提供动力，常见的驱动装置包括伺服电机、步进电机和液压执行器等。这类技术通过齿轮、连杆或丝杠等传动机构将动力传递到立面单元，实现单元的旋转、平移或翻转等动作，具有驱动力大、控制精度高的优势，但结构相对复杂，对安装空间有一定要求。智能材料驱动技术则利用材料自身的物理特性在外界刺激下产生形状变化，形状记忆合金在温度变化时会恢复预设形状，压电材料在电场作用下会产生微小形变，这类技术无须复杂的传动机构，结构更紧凑，响应速度快，但目前驱动力和变形量有限，主要适用于小型或轻量化的立面单元。

2. 调节技术类型

调节技术根据是否依赖外部能源输入可分为被动调节技术和主动调节技术。被动调节技术依赖环境因素自动触发立面单元的状态变化，无须外部能源输入，典型方式包括热膨胀驱动和光致变色材料应用，前者如采用双金属片作为驱动元件的遮阳单元，在温度升高时会因金属片膨胀系数差异自动展开遮阳板，温度降低时则自动收起，实现对光照和温度的被动响应。主动调节技术通过集成传感器、控制器和执行器形成闭环控制系统，实时采集环境参数，并根据预设算法调整立面单元状态，如光照传感器检测到强光时，控制器会驱动电机调整遮阳单元角度以减少室内太阳辐射，温度传感器监测到室内温度过高时则联动开启通风单元以增强自然通风效果，主动调节技术具有更高的灵活性和适应性，可实现精细化的性能优化。

（二）立面单元的模块化与标准化设计

立面单元的模块化与标准化设计是动态立面实现工业化生产、快速施工和灵活应用的关键，它们将复杂的立面系统分解为独立单元并统一设计标准，不仅提升了系统的可靠性、经济性和扩展性。模块化设计关注单元的功能独立性与组合灵活性，标准化设计则强调单元尺寸、接口及控制协议的统一，这种协同作用推动动态立面的规模化应用。

1. 模块化设计

模块化设计是将动态立面系统分解为多个独立的功能单元，每个单元包含驱动组件、调节组件、装饰面板和连接结构等核心部分，具备完整的运动和控制功能。模块化单元的设计需满足功能独立性要求，即单个单元可独立完成特定的调节任务，单元之间通过标准化接口实现机械和电气连接，可根据建筑立面尺寸和功能需求灵活组合排列。针对不同高度的建筑立面，可设计不同尺寸的模块化单元，通过横向和纵向拼接形成整体立面系统；针对不同功能区域，如办公区和休息区，可配置具有不同调节特性的模块化单元，实现分区精准控制。模块化设计的优势在于便于工厂预制生产，通过标准化模具和流水线作业提高生产效率、降低成本，现场安装仅需进行单元拼接和系统调试，缩短施工周期；此外，模块化设计还便于后期维护和更新，当某个单元出现故障或需要升级时，可单独拆卸更换，不影响整体系统运行。

2. 标准化设计

标准化设计主要针对模块化单元的尺寸参数、接口形式和控制协议进行统一规范，确保不同批次、不同生产厂家的单元能够相互兼容，提升系统的通用性和扩展性。尺寸标准化是指统一单元的长、宽、厚等外形尺寸以及安装孔位的位置和尺寸，使单元在拼接时能够准确对齐，保证立面整体的平整度和密封性；接口标准化包括机械接口和电气接口的标准化，机械接口采用统一的连接方式如卡扣、螺栓或插槽，确保单元之间连接牢固且拆装方便，电气接口则规定供电线路、控制信号线的接口类型和通信协议，实现驱动系统、控制系统与单元之间的无缝对接。控制协议标准化是指采用统一的通信标准，使不同品牌的传感器、控制器和执行器能够接入同一控制系统，避免因协议不兼容导致的系统集成困难。标准化设计不仅降低了生产和施工的复杂性，还为动态立面的后期扩展和升级提供了便利，当建筑功能调整需要增加立面单元时，可直接采购符合标准的新单元接入现有系统，无须对整体控制系统进行大规模改造。

（三）动态立面的美学与功能协同设计

1. 美学设计要素

动态立面的美学设计关注立面形态变化的韵律感、层次感和视觉冲击力，通过单元的有序运动形成动态的建筑表皮。韵律感的营造主要依赖单元运动的节奏和规律，控制不同单元的旋转角度或运动速度可使立面呈现波浪式、渐变式或周期性动态效果，避免运动杂乱无章；层次感通过单元的排列方式和运动幅度差异实现，将立面划分为多个水平或垂直单元组并让各组采用不同运动模式，可使立面在空间上形成前后错落的层次，增强建筑立体感；视觉冲击力的提升可通过单元材料的色彩变化、反光特性或透光率差异实现，采用变色玻璃或金属面板作为单元装饰层，在单元运动过程中因光线反射角度变化呈现丰富色彩效果，使建筑在不同时刻呈现不同视觉形象，增强建筑与环境的互动性。

2. 功能设计要素

功能设计聚焦于动态立面在建筑性能优化中的作用，核心功能包括遮阳调控、自然采光引导、通风优化和能耗降低。遮阳调控通过调节立面单元的开合角度、密度或位置，控制太阳辐射进入室内的强度和分布，夏季减少空调负荷，冬季通过调整单元状态增加太阳得热，降低供暖能耗；自然采光引导通过调整单元的角度和透光率，将自然光均匀引入室内深处，减少人工照明需求，避免眩光影响，提升室内光环境质量；通风优化通过控制单元的开启方式和开启面积，引导室外新鲜空气进入室内并排出污浊空气，增强自然通风效果，改善室内空气质量；能耗降低是功能设计的综合目标，通过上述功能的协同作用，动态立面可显著降低建筑的空调、照明和通风能耗，提升建筑的绿色性能。

3. 协同机制

美学与功能的协同设计需要在立面形态设计阶段即融入功能需求分析，通过参数化设计工具建立形态参数与功能指标之间的关联模型。参数化设计工具可将单元的运动角度、排列密度、材料特性等形态参数与遮阳效率、采光系数、通风量等功能指标进行关联，设计师可通过调整形态参数实时模拟功能指标的变化，实现美学效果与功能性能的同步优化。在确定单元运动轨迹时，既要考虑轨迹的连续性和视觉流畅感，也要通过模拟分析确保轨迹变化后有效遮挡夏季正午强光，不影响冬季低角度阳光进入；选择单元材料时，既要考虑材料色彩、质感对建筑美学的影响，也要评估材料透光率、热传导系数等对采光和能耗的影响。通过多目标优化算法对形态参数和功能指标进行综合优化，可在满足功能需求的前提下，实现美学效果的最大化，使动态立面具备实用价值和艺术价值。

第四节 智能建筑的特点及环境设计

一、智能建筑的核心特点与技术表征

（一）感知交互性特点的具体体现

1. 多维度感知系统的集成应用

（1）环境参数实时采集技术

智能建筑通过在建筑空间的不同区域部署温湿度传感器、光照传感器、CO_2浓度传感器、空气质量传感器等多种类型的感知设备，形成覆盖建筑全域的分布式感知网络。这些传感器按照预设的采样频率持续采集环境数据，并通过物联网技术将采集到的原始数据实时传输至中央数据处理平台。实时采集能力确保建筑管理系统能够动态掌握环境变化，为后续的环境调控和用户服务提供基础数据支持，使建筑环境始终处于可监测、可调节的状态。

（2）用户行为模式识别方法

在感知用户行为方面，智能建筑结合视频分析技术、红外传感技术及室内定位技术，对用户在建筑内的活动轨迹、停留时间、使用习惯等行为特征进行数据化捕捉。通过对这些行为数据的长期积累和算法分析，系统能够识别出不同用户的行为模式，包括办公人员的日常工作路径、会议室的使用频率高峰等。基于这些识别结果，建筑系统可以主动调整服务策略，在用户进入办公室前提前调节室内温度，或根据会议室预订情况自动准备会议设备，实现从被动响应到主动服务的转变。

2. 人机协同交互机制的实现

（1）智能交互终端的多样化部署

智能建筑在公共区域、办公空间、居住单元等不同场景中部署了多样化的智能交互终端，包括触摸屏控制面板、语音交互设备、移动应用程序等。这些终端作为人机交互的接口，允许用户直接输入指令或查询信息——通过语音指令调节室内灯光亮度，或通过手机 APP 远程控制空调运行状态。交互终端还具备自适应能力，能够根据用户的使用习惯调整界面布局和操作逻辑，降低用户的学习成本，提升交互的便捷性。

（2）情境化服务响应逻辑

基于感知系统采集的环境数据和用户行为数据，智能建筑系统构建了情境化服务响应逻辑。该逻辑通过将实时感知数据与预设的服务规则相结合，判断当前的情境状态，并自动触发相应的服务响应。当系统感知到某一区域的光照强度低于设定阈值且有人员活动时，会自动开启照明设备；检测到会议室长时间无人使用时，则自动关闭空调和照明设备以节约能源。这种情境化响应机制使建筑系统能够根据实际需求动态调整运行状态，实现人与建筑的协同优化。

（二）高效节能性特点的技术支撑

1. 能源动态监测与优化调控技术

（1）建筑能耗分项计量系统

智能建筑部署了完善的建筑能耗分项计量系统，该系统通过在配电系统、空调系统、照明系统等主要用能设备的进线端安装智能电表、水表、热表等计量装置，对建筑内不同类型、不同区域的能耗进行实时采集和分项统计。计量数据通过通信网络传输至能源管理平台，经平台汇总、分析和可视化展示后形成能耗日报、月报和年报，帮助管理人员准确掌握建筑能耗的构成和变化趋势，识别能源浪费环节。

（2）基于负荷预测的智能调控算法

在能耗监测的基础上，智能建筑采用基于负荷预测的智能调控算法对用能设备进行优化控制。该算法通过分析历史能耗数据、气象数据、用户行为数据等影响因素，建立建筑能源负荷预测模型，提前预测未来一段时间内的能源需求。根据预测结果，系统对空调系统的运行参数、照明系统的开关时间、电梯的调度策略等进行动态调整，在用电高峰期自动降低非核心区域的空调负荷，在光照充足时关闭部分照明设备，从而实现能源供需的动态平衡，避免能源的无效消耗。

2. 可再生能源集成利用方案

(1) 分布式能源系统接入技术

智能建筑通过分布式能源系统接入技术，将太阳能光伏系统、地源热泵系统等可再生能源设备集成到建筑能源供应网络中，通过在建筑屋顶和立面安装太阳能光伏板将太阳能转化为电能，直接供给建筑内的低压用电设备；借助地埋管换热器采集地热能，为空调系统提供冷热源。分布式能源系统的接入需要解决能源转换效率、并网稳定性等技术问题，智能建筑通过采用最大功率点跟踪技术、微电网控制技术等，确保可再生能源的高效利用和电网的安全稳定运行。

(2) 储能设备协同运行机制

为应对可再生能源供应的间歇性和波动性，智能建筑配置锂电池储能系统、飞轮储能系统等储能设备，并建立储能设备协同运行机制。该机制通过能源管理平台对可再生能源发电量、建筑能耗需求、电网供电价格等因素进行综合分析，制订储能设备的充放电策略。当可再生能源发电量大于建筑能耗需求时，储能设备进行充电；当发电量小于需求或电网电价较高时，储能设备放电补充能源供应。通过储能设备的协同运行，智能建筑能够平抑可再生能源的波动，提高能源自给率，进一步降低对传统能源的消耗。

(三) 安全可靠性特点的系统保障

1. 多层次安全监测网络构建

(1) 物理安全感知技术

智能建筑在物理安全层面部署了多种感知技术，包括门禁控制系统、视频监控系统、入侵检测系统和火灾自动报警系统。门禁控制系统通过人脸识别、指纹识别等生物识别技术或 IC 卡技术，对人员进出建筑及重要区域进行严格管控，防止未授权人员进入；视频监控系统通过在建筑内外关键位置安装高清摄像头，实现对建筑周边环境和内部公共区域的实时监控，监控图像实时传输至安保中心，便于管理人员及时发现异常情况；入侵检测系统通过红外对射、振动传感器等设备，对建筑周界和重要设施进行监测，检测到非法入侵时立即发出报警信号；火灾自动报警系统通过烟感探测器、温感探测器等设备，实时监测建筑内的火灾隐患，发生火情时迅速发出报警信号并启动联动控制装置。

（2）网络与信息安全防护体系

随着智能建筑信息化程度的提高，网络与信息安全日益重要，为此智能建筑构建了完善的网络与信息安全防护体系。该体系包括防火墙技术、入侵防御系统、数据加密技术和访问控制技术等。防火墙技术通过设置网络访问控制策略，阻止非法网络连接和数据传输，保护建筑内部网络的安全；入侵防御系统实时监测网络流量，识别和阻断病毒攻击、黑客入侵等网络攻击行为；数据加密技术对建筑管理系统中的用户信息、设备运行数据等敏感数据进行加密处理，防止数据泄露和篡改；访问控制技术通过设置不同用户的操作权限，确保只有授权人员才能访问和操作关键系统和数据，避免因误操作或恶意操作导致系统故障。

2. 智能应急响应与容错机制

（1）异常状态快速识别方法

智能建筑系统通过对各类监测数据的实时分析和处理，实现对异常状态的快速识别。系统采用大数据分析技术和人工智能算法，建立建筑正常运行状态的基准模型，当监测数据偏离基准模型的范围时，判定为异常状态，这种判定可通过分析视频监控数据识别异常人员行为、监测电气参数识别线路故障、分析环境数据识别火灾隐患等实现。异常状态识别后，系统立即发出预警信息，并将相关数据和图像推送至管理人员，为应急处理提供决策依据。

（2）冗余系统与故障自愈技术

为提高系统的可靠性，智能建筑采用冗余系统设计和故障自愈技术。冗余系统设计包括硬件冗余和软件冗余，硬件冗余通过在关键设备和线路上设置备用设备和线路——备用电源、备用网络交换机均在此列——当主设备或线路发生故障时，备用设备和线路能够自动切换投入运行；软件冗余通过在系统中设置多个独立的控制模块，当某个模块出现故障时，其他模块能够接管其功能。故障自愈技术则通过系统的自我诊断和修复能力，对网络连接中断后的自动重连、传感器数据异常后的自动校准等轻微故障进行自动处理，减少人工干预，提高系统的连续运行能力。通过冗余系统设计与故障自愈技术的结合，智能建筑能够在发生设备故障时保持核心功能的正常运行，确保建筑的安全可靠性。

二、智能建筑环境设计的基本原则

（一）以人为本的环境舒适性原则

智能建筑环境设计的核心是将使用者的生理与心理需求作为根本出发点，通过智能技术的集成应用，创造既满足功能需求又符合人体舒适度标准的建筑空间。在物理环境层面，智能建筑需要通过传感器网络实时监测温度、湿度、光照强度和空气品质等参数。这些参数的监测数据会传输至中央控制系统，系统根据预设的舒适度阈值自动调节暖通空调系统、照明设备和新风系统，确保室内环境始终处于人体感知的最佳状态。在夏季高温时段，系统可根据不同区域的人员密度动态调整空调送风温度和风速，避免局部过冷或过热；光照不足的阴天，智能照明系统会自动提升室内照度至适宜水平，保持光线的柔和度以减少视觉疲劳。

在空间布局与使用体验层面，以人为本的原则还体现在环境的灵活性与包容性设计上。智能建筑的空间划分应具备可变性，通过可移动隔断、升降地板和模块化家具等设计，满足不同场景下的使用需求，办公空间在日常办公时可保持独立工位布局，举办会议时则能快速转换为开放式会场。此外，环境设计需考虑不同人群的特殊需求，为行动不便者设置智能引导系统和无障碍通行路径，通过语音导航和自动感应门等设备提升其空间可达性；为长时间停留的使用者设计休憩区域，结合智能座椅的人体工学设计和环境音效系统，营造放松的心理氛围，减少空间带来的压迫感。

（二）技术与艺术融合的美学设计原则

技术与艺术融合的美学设计原则强调智能建筑的环境设计不应是技术元素的简单堆砌，而应通过艺术化的表达使技术功能与空间美学形成有机整体。在建筑形态与立面设计中，智能技术的应用需服务于美学主题的呈现，可编程智能玻璃作为建筑表皮，通过控制玻璃的透光率和颜色变化，使建筑立面随时间、天气和使用者需求呈现动态视觉效果，既实现了遮阳节能的技术功能，又形成了独特的“数字立面”艺术景观。这种设计打破了传统建筑立面的静态属性，使建筑成为与环境互动的“活的艺术品”。

在室内空间的美学营造中，智能技术需与色彩、材质、光影等艺术要素深度融合。智能照明系统不仅要满足基础照明需求，还应通过调节光色和照度营造特定的空间氛围，展厅可根据展品类型自动切换暖色调或冷色调灯光，突出展品的质感与内涵；办公空间则可通过模拟自然光的色温变化（从早晨的冷白光到傍晚的暖黄光），帮助使用者维持生理节律，提升工作效率。技术设备的隐藏式设计是实现美学统一的关键，将传感器、控制器等设备嵌入墙体、吊顶或家具中，能够避免外露的管线和设备破坏空间的整洁性；采用集成化控制面板，将多种功能整合为简洁的触控界面，其外观设计与室内装修风格保持一致，使技术元素成为空间美学的有机组成部分而非干扰因素。

（三）可持续发展的生态设计原则

可持续发展的生态设计原则以减少建筑全生命周期的环境负荷为目标，通过智能技术与生态策略的结合，实现资源的高效利用和人与自然的和谐共生。在能源系统设计中，智能建筑需优先利用可再生能源，通过智能能源管理系统优化能源结构，可在建筑屋顶和立面安装太阳能光伏板，系统实时监测太阳能发电量、建筑能耗和电网供电情况，自动调节光伏能源的分配比例，优先满足建筑内部用电需求，多余电量存储于蓄电池或反馈至电网，降低对传统化石能源的依赖。系统还通过分析历史能耗数据和实时环境参数，预测建筑能耗峰值，提前调整设备运行模式，实现能源消耗的动态平衡。

在水资源管理与生态保护方面，智能建筑需构建闭环的水循环系统并减少对生态环境的干扰。智能雨水回收系统通过屋顶和地面集水装置收集雨水，经过滤净化后用于绿化灌溉、道路清扫及马桶冲水，系统实时监测水质水量，自动启停处理设备并调节用水量，确保水资源高效循环利用。绿化设计注重采用本地适生植物构建立体绿化系统，结合智能灌溉控制器依据土壤湿度、天气预测和植物需水特性精准供水，避免水资源浪费。建筑布局上充分考虑自然通风和采光，借助智能窗控系统，根据室外风向、风速和室内空气质量自动调节窗户开启角度，以利用穿堂风降低空调使用频率。建筑周边设置生态缓冲带，保留自然地貌和植被，为本地生物提供栖息地，减少建筑建设对生态系统的破坏，实现建筑与自然环境的协同发展。

第五节 建筑本体智能化的未来

一、建筑本体智能化的技术发展趋势

（一）新一代信息技术与建筑本体的深度融合

新一代信息技术为建筑本体智能化提供了底层技术支撑，这种融合不仅体现在技术层面的简单叠加，更表现为建筑作为物理实体与数字系统的有机统一。随着技术迭代，建筑本体正逐步发展为具备数据采集、分析、决策能力的综合智能系统，实现从设计到运维全流程的智能化升级。

1. 数字孪生技术在建筑全生命周期的渗透

数字孪生技术通过构建建筑物理实体与数字模型的实时映射，实现了建筑全生命周期的动态管理。在设计阶段，数字孪生模型可模拟不同设计方案的性能参数，优化空间布局与设备配置；施工阶段，模型与施工现场数据实时交互，动态调整施工进度与资源分配；运维阶段，通过持续采集建筑运行数据，数字孪生模型能够预测设备故障、优化能源消耗，使建筑管理从被动响应转向主动预防。这种全流程的渗透让建筑本体成为一个可感知、可分析、可优化的动态系统。

2. 物联网与建筑本体感知网络的一体化

物联网技术的发展推动了建筑本体感知网络的高密度部署与一体化集成。各类传感器被嵌入建筑结构、设备及空间环境中，形成覆盖温度、湿度、光照、能耗、结构应力等多维度的感知网络。这些传感器通过无线通信技术实现数据互联互通，使建筑本体能够实时感知自身状态与外部环境变化。感知网络与建筑本体的一体化设计，打破了传统建筑各系统间的信息孤岛，为建筑智能化决策提供了海量、精准的底层数据支持。

3. 人工智能驱动的建筑自主决策系统构建

人工智能技术的引入使建筑本体具备了自主决策能力。基于物联网感知网络采集的海量数据，人工智能算法通过深度学习与模式识别，分析建筑运行规律与用户行为特征，进而根据人员流动情况动态调节电梯运行效率以优化建筑设备运行参数，根据光照强度自动控制窗帘开合与灯光亮度以调整空间环境设置，分配能源资源，实现建筑系统的自适应运行。这种自主决策能力的构建，使建筑本体从单纯的物理空间转变为具备智能交互能力的“生命体”。

（二）模块化与装配式智能建造技术的发展

模块化与装配式建造技术的智能化升级是建筑本体智能化在建造环节的重要体现，核心在于通过工业化生产与数字化管理提升建造效率、保障工程质量，为建筑本体后续的智能化运维奠定基础。这一技术发展趋势推动建筑建造从传统粗放式向精密化、智能化转型。

1. 模块化构件的智能化生产与集成

模块化构件的生产正逐步实现全流程智能化管控。在工厂预制过程中，数字化设计模型直接驱动生产设备，通过自动化生产线完成构件的切割、焊接、装配等工序，减少人为误差，提升构件精度。模块化构件内部集成了智能管线、传感器及控制模块，在生产阶段即完成设备预装与系统调试，确保构件运至施工现场后可快速对接。智能化生产系统通过实时采集生产数据，监控构件质量，实现生产过程的可追溯与持续优化，为建筑本体的整体智能化提供了标准化、高质量的基础单元。

2. 装配式施工过程的自动化与数字化管控

装配式施工过程的智能化体现在施工流程的自动化执行与数字化管理两个方面。施工阶段，BIM 技术与施工现场的定位系统、自动化吊装设备相结合，实现构件的精准安装，通过数字模型与现场实景的实时比对，施工人员可及时调整安装偏差，确保施工精度。数字化管理平台整合了构件运输、现场调度、人员配置等信息，通过智能算法优化施工顺序与资源分配，减少施工等待时间，提升施工效率。自动化与数字化管控的结合，使装配式施工过程更加高效、安全、可控，推动建筑建造向工业化、智能化迈进。

3. 模块化建筑的柔性设计与智能适配

模块化建筑的柔性设计能力通过智能化技术得到进一步提升，使其能够更好地适应不同场景的功能需求。设计阶段，参数化设计工具可根据用户需求快速生成多样化的模块组合方案，实现建筑空间的灵活配置；模块之间的连接接口采用标准化、智能化设计，内置数据传输与电力供应通道，支持模块的快速重组与扩展。这种柔性设计与智能适配能力，使模块化建筑不仅能满足当前使用需求，还能随着功能变化进行动态调整，延长建筑使用寿命，提升建筑本体的可持续性与智能化水平。

（三）自感知自修复智能材料的应用前景

自感知自修复智能材料的发展为提升建筑本体的安全性、耐久性与智能化水平开辟了新路径。这类材料能够主动感知自身损伤并进行自主修复，减少对人工维护的依赖，从材料层面赋予建筑本体“感知”与“自愈”能力，是未来建筑智能化的重要发展方向。

1. 自感知智能材料的建筑结构健康监测应用

自感知智能材料通过内置的传感单元或材料本身的特性变化实现对建筑结构健康状态的实时监测，如碳纤维增强复合材料在受力变形时会产生电阻变化，通过监测这种变化可获取结构的应力分布与损伤情况，压电材料在受到振动或冲击时能产生电信号，用于监测建筑结构的动态响应。将这类材料集成到建筑主体结构中，可形成分布式监测网络，实时反馈结构的微小损伤与性能退化，为建筑安全评估与维护决策提供精准数据，避免重大安全事故的发生。

2. 自修复材料的建筑耐久性提升路径

自修复材料通过自身的修复机制，在建筑结构出现微裂纹或损伤时自动进行修复，显著提升建筑的耐久性。目前研究较多的自修复机制包括微胶囊型自修复、形状记忆合金自修复。微胶囊型自修复在材料内部嵌入含有修复剂的微胶囊，当材料出现裂纹时，微胶囊破裂释放修复剂，在裂纹处发生化学反应实现修复；形状记忆合金则在温度或应力刺激下恢复原始形状，闭合结构裂纹。这些自修复机制的应用，能够延缓建筑结构的老化进程，减少维护成本，延长建筑使用寿命，从根本上提升建筑本体的长期可靠性。

3. 多功能智能材料的协同应用探索

多功能智能材料的协同应用是未来建筑本体智能化的重要趋势，通过将自感知、自修复、保温、节能等多种功能集成于单一材料或材料体系，实现建筑性能的综合提升。将自感知功能与保温功能结合的智能保温材料既能实时监测材料的保温性能变化，又能在出现破损时进行自主修复；将自修复功能与防火功能结合的智能防火材料在发生火灾时不仅能阻止火势蔓延，还能修复高温造成的材料损伤。这种多功能协同应用可减少建筑材料的使用种类与厚度，优化建筑结构设计，提升建筑本体的智能化与综合性能，推动建筑向多功能、高集成度的智能体发展。

二、未来智能建筑设计理念的创新方向

（一）“数字孪生+实体建筑”的一体化设计理念

“数字孪生+实体建筑”的一体化设计理念核心在于打破传统建筑设计中虚拟模型与物理实体的割裂状态，通过数字孪生技术构建与实体建筑高度同步的虚拟映射体，实现从设计到运维全流程的虚实融合与协同优化。这一理念强调数字孪生模型不仅是实体建筑的静态复刻，更是具备实时交互能力的动态系统，能够精准反映实体建筑的物理状态、运行数据及环境变化，为设计决策提供全方位的数据支撑。

1. 设计阶段的虚实协同建模

在设计初期，通过数字孪生技术整合建筑的几何参数、材料特性、结构力学性能等核心数据，构建高精度的三维虚拟模型。该模型与实体建筑的设计进程保持实时同步，设计人员可在虚拟环境中进行方案推演、性能模拟和冲突检测，无需依赖实体原型即可验证设计的可行性。建筑采光设计中，虚拟模型可模拟不同

季节、不同时段的日照角度和强度，结合实体建筑的朝向和开窗位置数据，优化采光方案，减少后期施工中的设计变更。

2. 全要素数据的实时交互与融合

数字孪生模型通过物联网传感器、BIM 技术和云计算平台，实现与实体建筑的全要素数据实时交互。实体建筑中的温度、湿度、能耗、设备运行状态等动态数据持续传入虚拟模型，虚拟模型的模拟结果和优化指令也可反向指导实体建筑的系统调整。这种数据交互确保了虚拟模型对实体建筑的动态表征，设计人员能够基于真实运行数据优化建筑性能，通过分析虚拟模型中的能耗数据调整实体建筑的空调系统运行参数，实现节能目标。

3. 动态反馈与迭代优化机制

一体化设计理念建立了“设计—模拟—反馈—优化”的闭环机制。数字孪生模型通过对实体建筑数据的分析，识别设计中存在的结构应力集中、空间利用率不足等问题，并将这些问题反馈给设计团队。设计团队基于反馈结果对虚拟模型进行调整，再通过虚拟仿真验证优化效果，最终将优化方案应用于实体建筑。这种动态迭代过程贯穿建筑的设计阶段，显著提升了设计的精准性和适应性，减少了因设计缺陷导致的后期成本增加。

（二）面向全生命周期的智能设计思维

面向全生命周期的智能设计思维突破了传统建筑设计局限于单一阶段的模式，将设计视角延伸至建筑从规划、设计、施工、运维到拆除的完整生命周期，以数据驱动和智能决策为核心，实现各阶段的协同联动与性能优化。该思维强调建筑设计不仅要满足初始功能需求，更要考虑长期运行的经济性、可持续性和适应性，通过全生命周期数据的整合与分析，构建具备动态调整能力的智能设计体系。

1. 跨阶段数据链的构建与整合

全生命周期智能设计的基础是建立统一的数据标准和共享平台，实现各阶段数据的无缝衔接。规划阶段的场地环境、地质条件，设计阶段的 BIM 模型、材料参数，施工阶段的进度、成本，运维阶段的设备运行、用户行为等数据，经标准化处理整合至同一数据库。设计人员可随时调用不同阶段的数据进行分析，当运维阶段发现电梯故障率较高时，即可回溯设计阶段的电梯选型数据和施工阶段的安装精度数据，找出问题根源并优化后续设计。

2. 基于生命周期数据的智能决策模型

利用人工智能算法对全生命周期数据进行深度挖掘，构建智能决策模型，为各阶段设计提供量化支持。在规划阶段，模型可基于场地历史气候数据和周边交通流量数据，预测建筑的能源需求和交通压力，优化建筑选址和布局；在设计阶段，模型通过分析类似建筑的运维数据，推荐最优的材料组合和设备配置，降低长期能耗成本；在运维阶段，模型实时监测建筑性能数据，自动生成维护方案和改造建议，延长建筑使用寿命。

3. 动态适应性设计机制

考虑到建筑在生命周期中面临的环境变化、功能需求升级等问题，智能设计思维强调动态适应性设计。采用模块化建筑结构、可调节的空间布局系统和智能控制系统，建筑能够根据外部环境和内部需求的变化进行自我调整。设计可移动的隔断墙和可重构的办公区域，结合智能感知系统，可根据实时人员数量和使用需求自动调整空间划分；采用自适应遮阳系统，则能根据日照强度和室内温度自动调节遮阳角度，优化室内光环境和热环境。

（三）用户参与式协同设计模式的发展

用户参与式协同设计模式的发展是未来智能建筑设计理念的重要创新方向，其核心是将用户从设计的被动接受者转变为主动参与者，通过技术手段打破传统设计中专业人员与用户之间的信息壁垒，实现用户需求与专业设计的深度融合。这种模式强调设计过程的开放性和互动性，通过多主体协同提升设计方案的实用性、人性化和用户满意度。

1. 用户需求感知与整合技术

用户参与式协同设计依赖于精准的用户需求感知与整合技术。通过智能终端设备、虚拟现实交互平台和大数据分析工具，全面收集用户的空间使用习惯、功能需求、舒适度偏好等多维度数据，包括利用可穿戴设备记录用户在不同空间的活动轨迹和生理指标以分析其对温度、湿度、光照的敏感程度，以及通过在线问卷和虚拟场景体验收集用户对空间布局、功能分区的具体要求。这些非结构化的用户需求数据通过自然语言处理和机器学习算法转化为量化的设计参数，为专业设计提供明确的方向。

2. 多主体协同设计平台的构建

构建集成用户、建筑师、结构工程师、设备工程师、运维人员等多主体的协同设计平台，是实现用户参与的关键。该平台基于云计算和区块链技术，确保各主体能够实时共享设计信息、提出修改意见并追踪设计进度。用户可通过平台查看设计方案的三维模型，标注不满意的区域并提出修改建议；专业人员可针对用户意见进行技术可行性分析，并将优化后的方案反馈给用户。实时互动避免了传统设计中信息传递滞后和误解的问题，提高了设计效率和协同质量。

3. 动态反馈与设计迭代机制

用户参与式协同设计模式构建了基于用户反馈的动态迭代机制。设计的不同阶段，用户可通过原型体验、虚拟仿真和实体模型展示提前感受设计方案的实际效果。用户在体验过程中提出的意见和建议实时录入协同平台，设计团队根据此类反馈快速调整设计方案，再次交由用户验证。“用户反馈—设计优化—再反馈—再优化”的循环贯穿设计始终，确保最终方案得以最大限度满足用户实际需求，改善建筑的使用体验并提升其人性化水平。

三、建筑本体与城市智能系统的融合前景

（一）建筑作为城市智能节点的功能定位

随着城市智能化的深入推进，建筑不再仅仅是孤立的物理空间，而是演变为城市智能系统中的关键节点。这种转变要求建筑本体具备数据感知、信息交互和服务协同的综合能力，成为连接城市宏观管理与微观运行的重要纽带。

1. 数据感知层的功能承载

建筑本体通过部署在内部及周边的温湿度传感器、能耗监测装置、人流统计设备等各类传感器，持续采集建筑运行状态、环境参数和用户行为等实时数据。这些数据构成了城市智能系统的基础信息源，不仅支撑建筑自身的智能化管理，还为城市交通调度、环境质量监测、公共安全防控等宏观决策提供底层数据支持。建筑感知设备的布设需要与城市感知网络的整体规划相协调，确保数据采集的覆盖面和时效性，形成全域联动的感知体系。

2. 信息交互层的节点作用

作为信息交互节点，建筑需依托物联网通信技术，与周边建筑、城市基础设施以及城市管理平台建立稳定的信息通道。这种交互既包括建筑向城市平台上传实时运行数据，也包括接收城市层面的控制指令，能源调度信号、应急响应通知等均属此类。信息交互的效率直接影响城市智能系统的响应速度，需要建立低延迟、高可靠的通信协议，保障数据传输的稳定性和安全性，实现建筑与城市系统的无缝联动。

3. 服务协同层的整合能力

在服务层面，建筑节点需要与城市各类服务系统进行功能协同，从而推动城市服务的精准化和个性化。如，商业建筑的人流数据可与城市交通系统联动以优化公交线路和发车频率，住宅建筑的能耗数据可辅助城市能源系统进行负荷预测和供需平衡调节。这种协同要求建筑具备开放的服务接口，支持跨系统的数据共享和功能整合，实现建筑服务与城市服务的有机融合。

（二）建筑能源系统与城市电网的智能互动

建筑能源系统与城市电网的智能互动是实现城市能源高效利用的重要途径，它打破了传统建筑能源系统被动用电的模式，推动建筑成为城市能源网络中具备主动调节能力的参与者。

1. 分布式能源的并网协同

随着光伏与储能分布式能源技术在建筑中的广泛应用，建筑能源系统逐渐具备向城市电网输出电能的能力。通过智能逆变器和能量管理系统的协调控制，建筑可实现分布式能源的平滑并网，减少对电网的冲击。建筑还可将储能设备作为城市电网的虚拟调峰资源，在用电高峰时段向电网放电，在低谷时段吸收电网多余电能，有效平抑电网负荷波动，提升电网的稳定性和可再生能源消纳能力。

2. 需求侧响应的动态调节

建筑能源系统通过接入城市需求响应平台，能够根据电网实时负荷情况动态调整自身用电策略。当电网负荷过高时，建筑可自动降低非核心设备能耗，适度调高空调温度、推迟非紧急设备运行时间；当电网负荷较低时，则可启动储能充电或增加用电设备运行，充分利用低价电能。这种动态调节需要建筑能源管理系统具备精准的负荷预测能力和快速的响应机制，以实现与电网的实时互动，提升整个城市能源系统的运行效率。

3. 能源交易的智能化机制

在未来的电力市场环境下，建筑作为独立的能源主体，有望通过区块链等技术参与点对点能源交易，拥有多余光伏电量的住宅建筑可直接向邻近的商业建筑出售电能，交易过程通过智能合约自动完成，无须中心化平台的干预。这种智能化交易机制能够降低能源交易成本，提高能源利用效率，促进可再生能源在城市范围内的优化配置，推动城市能源系统向去中心化、市场化方向发展。

（三）建筑信息与城市大数据平台的共享机制

建筑信息与城市大数据的共享是实现城市智能化管理的基础，然而当前建筑信息的“数据孤岛”问题制约了城市大数据价值的实现，建立科学高效的共享机制是关键所在。

1. 数据接口的标准化建设

实现建筑信息与城市大数据平台的有效共享，首要任务是统一数据接口标准。目前不同建筑管理系统的数据格式、通信协议存在显著差异，导致数据难以互通。需要制订涵盖建筑基本信息、运行数据、能耗数据、安全数据等多类信息的统一数据标准，明确数据字段定义、编码规则和传输协议。标准化的数据接口能够确保不同来源的建筑数据被城市大数据平台准确识别和解析，为数据共享奠定技术基础。

2. 分级共享的权限管理

建筑信息包含大量敏感数据，包括住户隐私信息、商业运营数据等，共享机制需建立严格的分级权限管理体系。根据数据的敏感程度，建筑信息可分为公开级、授权级和私密级三个等级。公开级数据包括建筑位置、建筑面积等，可直接向城市平台开放；授权级数据包括能耗统计、人流趋势等，需经数据所有者授权后才能共享；私密级数据包括具体住户信息、商业机密等，仅在特定法律框架和安全保障下有限使用。这种分级管理能够在保障数据安全的前提下，最大限度发挥数据的共享价值。

3. 跨平台数据融合的技术路径

建筑信息与城市大数据平台的共享不仅是数据的简单传输，更重要的是实现跨平台数据融合。通过数据清洗、特征提取和关联分析等技术手段，将建筑数据与城市交通数据、气象数据、公共服务数据等进行融合，挖掘数据背后的关联规律。将建筑能耗数据与气象数据融合可提升城市能源需求预测的准确性，将商业建筑人流数据与交通数据融合则可为城市交通规划提供精准的决策支持。这种融合需要依托云计算、边缘计算等技术构建高效的数据处理平台，实现多源数据的实时分析和深度挖掘，为城市智能化管理提供数据支撑。

参考文献

[1] 姜杰. 智能建筑节能技术研究［M］. 北京：北京工业大学出版社，2020.

[2] 李明君，董娟，陈德明. 智能建筑电气消防工程［M］. 重庆：重庆大学出版社，2020.

[3] 张振中. 智能建筑综合布线工程［M］. 成都：西南交通大学出版社，2020.

[4] 栗丽，催磊磊，王利平. 当代智能建筑设计原理与方法研究［M］. 长春：吉林科学技术出版社，2020.

[5] 王刚，乔冠，杨艳婷. 建筑智能化技术与建筑电气工程［M］. 长春：吉林科学技术出版社，2020.

[6] 牛云陞，徐庆继，田金颖. 建筑智能化应用技术［M］. 天津：天津大学出版社，2020.

[7] 王建玉. 建筑智能化工程施工组织与管理［M］. 北京：机械工业出版社，2020.

[8] 韩文，张柏清，许剑雄. 建筑陶瓷智能制造与绿色制造［M］. 北京：中国建材工业出版社，2020.

[9] 吴志强. 智能建设［M］. 上海：上海科学技术出版社，2020.

[10] 方忠祥，戎小戈，孟建翔. 智能建筑设备自动化系统设计与实施［M］. 北京：机械工业出版社，2021.

[11] 王子若. 建筑电气智能化设计［M］. 北京：中国计划出版社，2021.

[12] 油飞. 建筑智能化技术实用教程［M］. 天津：天津科学技术出版社，2021.

[13] 沈忠明，曾松鸣. 英汉建筑智能化技术简明词典［M］. 上海：上海交通大学出版社，2021.

[14] 曹祥红，张华，李跃龙. 建筑供配电技术与设计［M］. 北京：中国建材工业出版社，2021.

[15] 田娟荣，李转芳，秦纪伟. 建筑设备［M］. 北京：机械工业出版社，2021.

[16] 侯文宝，李德路，张刚. 建筑电气消防技术［M］. 镇江：江苏大学出版社，2021.

[17] 张升贵. 智能建筑施工与管理技术研究［M］. 长春：吉林科学技术出版社，2022.

[18] 李宗峰. 智能建筑施工与管理技术探索［M］. 天津：天津科学技术出版社，2022.

[19] 晏致涛，伍培，侯珊珊. 智能建筑概论［M］. 4 版. 重庆：重庆大学出版社，2022.

[20] 马红丽，张景扩，李培. 建筑智能化工程项目教程［M］. 北京：北京理工大学出版社，2022.

[21] 赵靖. 建筑设备与智能化技术［M］. 天津：天津大学出版社，2022.

[22] 张鹏飞，胡仁茂. 超高层建筑群大规模地下空间智能化安全运营管理［M］. 上海：同济大学出版社，2022.

[23] 张丽丽，莫妮娜，李彦儒. 绿色建筑设计［M］. 重庆：重庆大学出版社，2022.

[24] 梅晓莉，王波. 智能建筑楼宇自控系统研究［M］. 北京：中国纺织出版社，2023.

[25] 周敏. 建筑的智能空间设计研究［M］. 长春：吉林出版集团股份有限公司，2023.

[26] 刘魁星，丁研，刘哲. 建筑热环境与智能化［M］. 天津：天津大学出版社，2023.

[27] 吕辉，吴海，叶云雪. 装配式建筑概论［M］. 北京：机械工业出版社，2023.

[28] 何超，刘佳，沈云峰. 装配式建筑 PC 构件智能产线运行与管理［M］. 重庆：重庆大学出版社，2023.

[29] 姜旭东，石增孟，岳兵. 基于智能化工程的建筑能效管理策略研究［M］. 哈尔滨：哈尔滨出版社，2023.

[30] 何江，杜永明，王丽. 绿色建筑 BIM 设计与分析［M］. 北京：机械工业出

版社，2023.

［31］马恩成，夏绪勇，梁峰. 智能建造与新型建筑工业化［M］. 北京：中国城市出版社，2023.

［32］油飞，马晓雪，叶巍. 建筑智能化概论［M］. 北京：北京理工大学出版社，2024.

［33］郭建，郭婺. 建筑设计与人工智能技术应用研究［M］. 北京：原子能出版社，2024.

［34］纪颖波，朱颖杰，姜腾腾. 建筑物联网工程综合实训［M］. 北京：机械工业出版社，2024.

［35］姜晨光. 低能耗建筑简明教程［M］. 北京：中国建材工业出版社，2024.

［36］杨琳，吴贤国. 智能建造理论与实践［M］. 北京：机械工业出版社，2024.